U0367035

自我
成全

现在多努力，将来多自由

黄大米 ◎著

化学工业出版社
·北京·

原繁体版书名：《功劳只有你记得，老闆謝過就忘了——化打擊為祝福的 30 個命運翻轉明燈》，作者：黄大米

ISBN：978-986-406-188-4

本书中文简体字版经北京时代墨客文化传媒有限公司代理，由宝瓶文化事业股份有限公司授权化学工业出版社有限公司独家出版发行。

本书仅限在中国内地（大陆）销售，不得销往中国香港、澳门和台湾地区。未经许可，不得以任何方式复制或抄袭本书的任何部分，违者必究。

北京市版权局著作权合同登记号：01-2021-0966

图书在版编目（CIP）数据

自我成全：现在多努力，将来多自由 / 黄大米
著 . —北京：化学工业出版社，2021.8
ISBN 978-7-122-39241-1

Ⅰ. ①自⋯ Ⅱ. ①黄⋯ Ⅲ. ①成功心理 – 通俗读物
Ⅳ. ① B848.4-49

中国版本图书馆 CIP 数据核字（2021）第 101847 号

责任编辑：郑叶琳　张焕强　　　　　　　装帧设计：韩　飞
责任校对：李雨晴

出版发行：化学工业出版社（北京市东城区青年湖南街 13 号　邮政编码 100011）
印　　装：三河市双峰印刷装订有限公司
880mm×1230mm　1/32　印张 7¾　字数 134 千字　2021 年 11 月北京第 1 版第 1 次印刷

购书咨询：010-64518888　　　　　　　　售后服务：010-64518899
网　　址：http://www.cip.com.cn
凡购买本书，如有缺损质量问题，本社销售中心负责调换。

定　　价：55.00 元　　　　　　　　　　　版权所有　违者必究

在学校有多乖巧，到社会就有多受挫

"你在学校有多乖巧，你到社会就有多受挫！"这是我写这本书的核心想法。

学校有错吗？没有！学校教你的美德是"应该"，社会的竞争常常是"实然"。

学校、社会、职场是不同的生态体系。

在职场，是老板给你钱、付你薪水，你要适度地限制自己。你是谁不重要，融入组织成为一分子、对组织有贡献才重要。

把学校教的那一套，拿来用在职场上，你会常常痛哭以及痛苦，会觉得社会不公，每天靠夭①，却无计可施。

---

① 靠夭，闽南语方言，原指因肚子饿而哭叫。此处指一个人因某件事一直不停念叨。——编者注

慢慢地，我了解到：世界不是黑与白，中间还有许多灰色地带。当你了解到社会的运作规则时，你不见得要同流合污，冷眼看待即可，也无须惊吓到呼天抢地。

学校教育我们生而为人要互相帮忙，进入社会几年后，我了解到"没有交情，就要交钱"；谈钱最不会伤感情，不谈钱会伤感情又伤心。而这些道理都是我进入社会很久之后才懂的。

现在，我对社会的运作更明白了，觉得直接标价谈钱，是最爽快的沟通、最无压力的互助。

在这本书里，我想帮你重新定义一些词语，例如"公平""乖巧""嫉妒""实力"。

我用很多真实的故事谈"公平"这件事，我想彻底让你知道职场上的"公平"，跟你想的不一样，甚至你也不见得希望"事事公平"。

当你能理解真实世界的"公平"，你才能在新的规则中，心平气和地竞争，走上自己的康庄大道。

第二个要修正的观念是"乖巧"。我们从小都被教育，只要"乖乖的"，就会被妈妈称赞，受老师喜爱。但职场上，乖巧就会有饭吃吗？卖乖就可以升迁吗？听话就可以安稳到退休吗？当然不是！

老板花钱请你来上班，是让你来帮忙解决问题与达成绩效目标，这是他付钱给你的唯一理由。

还有两个观念是我想好好跟你谈的，就是"对手"与"嫉妒"。

我有个朋友春娇总是跟我说着志明的不是，从品德到能力，春娇对他统统有意见。为什么？也没别的原因，就是那个人占了春娇想要的位子。

然而，有天春娇高升了，她从此不再提起志明，他从春娇口中消失了，在她眼中，志明不再让人讨厌和难耐。不是志明人品变好或变得有能力了，而是春娇已经"超车"了，因此志明不再碍眼。如果我不小心再提起志明，春娇也只会说，志明不重要。

你嫉妒的对象，或者嫉妒你的人，也反映出你目前的高度与社会阶层。譬如，张惠妹就绝对不会嫉妒我啊！她只会觉得黄大米是什么"咖"啊，是一种粮食的品种吗？如果有一天，张惠妹会嫉妒我，我应该要去放鞭炮庆祝了吧，真是天大的荣幸。

当你成为别人的眼中钉、别人的心魔或者嫉妒的对象时，如何能四两拨千斤地面对攻击你的人，是每个职场人必经的关卡。这本书能够帮你增强"打怪"的功力，戳破你对世界不切实际的期待，让你的玻璃心变得更耐摔。

记得在某次签书会上，一位特别从新竹北上的年轻读者举手提问："为什么你这么坚毅地想当记者，拼命追梦？"我凭直觉率性地回答："因为我无知！"

我读到他表情里的震撼。

我多想告诉他，"唯有不知天高地厚，才可能闯出一片天""唯有天真，才能在翻越险境时，笑逐颜开"。这是心态上的无知。

另外一个层面是"家庭背景造成的无知"。我爸妈是蓝领阶层，我不想复制阶层、靠劳力赚钱。在我有限的职业想象中，记者是拿笔写字、用脑赚钱的工作，很符合我的期待。如果我的家庭背景更好，给我更多资源，我的眼界更开阔，我的选择也会不一样，我也许会想当个教授、创业的老板，开画廊或者做艺术品拍卖师等等。

我们所认知的才华、品味和视野，有些时候是靠钱堆出来的。当你还不具备很多厉害的才华时，无须自卑；你并非比较差，你只是欠栽培——栽培自己是一辈子的事情，你不栽培自己，谁来栽培你？当你每多一项技能，就是让自己有更多选择权与新的可能，慢慢地走向别人口中"多才多艺"的境界。

请记住：

你就是你自己的贵人。
你就是你自己的金汤匙。
你可以给自己幸福，也可以给自己未来。
唯有你自己可以决定你的生命。

人生常常都是，无心插柳柳橙汁。

目　录

❶ 上下翻转

人生没有过不了的火焰山

❷ 生存翻转

刻意练习，才能成就非凡

❸ 职涯翻转

不断去做，就会逐渐变好，甚至做到非常好

❹ 感情翻转

你想要的，真的适合你吗？

❺ 今天最好

你现在多努力，将来就能多自由

上下翻转 **❶**

人生没有过不了的火焰山

你有过这样的经验吗？当你沉迷于刷手机，突然抬头，会对真实的景物瞬间感到陌生，大脑必须再运转一下，你才能对周边的景物"连戏"。

人的感觉是很好被"骗"的，当你注视什么，你的感觉就是什么，甚至把虚拟当真实，把真实当虚拟。

假如你现在有过不去的关卡，请想想这关卡是真实存在的，还是因为你的注视而变得重要与真实。如果你清楚地知道，任何难关与难过，有天都会过去，可否给自己打气一下说：

"没事，都会过去的，没事。"

时间是你的好朋友，它会让你走过很多不舒服。眼前的烦恼，明年其实你也想不起。

人生很真实，也很虚幻；你注视什么，你就感受到什么。当你的目光移动，一如从手机移开，看到的世界也就不同了。

人生的难，往往不是别人困住你什么，而是你的在乎与执着。

万事万物都会过去，没有过不了的火焰山。

其实你想要的
不是公平，而是特权

朋友任职于大公司。

有天，她看到我正专注地查图书畅销榜的名次，走过来悻悻然地说："别看了，你不管多拼，书都卖不过大企业家与大老板们。"

"什么意思？跟企业家有什么关系？"我头上都是问号，摸不清、猜不透话里的玄机。

"我们董事长不是出书了嘛！"

对耶！她公司董事长的书，最近在排行榜上稳坐前几名。

"所以呢？"我猜到一点玄机，云雾中有点光，却还看不出具体轮廓。

"董事长出书后，有一天，秘书和公关主管从十二楼开始往下走，手上拿着董事长的新书跟购买登记本，甜美地欢迎大家认购。所有主管都争相购买，买个十本二十本是基本。"

我听了，内心很是惊叹。

更令我开眼界的在后头。

秘书在确定大家认购的数量后，上网买书，让老板的书稳坐畅销榜第一名。有时候因为买得太多，网站甚至会出现"售完"的信息，古人的"洛阳纸贵"在现代有了新的诠释。

我对此感到愤愤不平，对着资深的媒体前辈抱怨："怎么可以这样！超不公平的。"

前辈悠悠地说："这也是一种实力，不是吗？"

这句话让我情绪降温，仔细想想，还颇有道理。

我吞下满腔的愤慨，回应说："也是。"

事实上，每个人拥有的社会资源和资本从来不同。所谓"公平"的游戏规则，进入社会之后，往往是个人的主观界定，而不见得是大家的共识。

"如果别人不按你的规矩玩，就是不公平"，这样的想法也是一种武断。

假如问你：你觉得这世界公平吗？

我想你的答案应是："不！很多事情都不公平。"

下一个问题，请问：你常常因为"不公平"而生气吗？

如果你明明已经知道世界上大部分事情都不公平，那为什么你还会因为不公平而生气呢？

而且，你真的那么期待被公平对待吗？

在职场上，最常见到很多人哀怨地说："这样很不公平！主管怎么可以这样？"

事实上，职场是一个你用劳务、精神换取金钱的地方，没有哪家公司会在你面试时跟你强调："我们会公平地对待所有员工。"

也因为不公平，视情况、视资历而定，薪水才会成为不能说的秘密。薪水像是一个潘多拉的盒子，揭晓后，人人心中都会觉得不公平。大部分的人总会觉得自己付出得多了，却拿得少。

职场的本质，本来就不是在求公平。坦白说，我也不觉得你那么想要被"公平对待"。

试想：当你被主管偏爱，拿到更多的资源与福利时，你会对主管这么说吗："不！这些资源和位子万万别给我，因为我觉得不公平！"

正常来说，你会喜滋滋地收下这些恩宠，回家跟亲人或者好友说："这些都是公司特别给我的！不是人人都有，公司很重视我。"

甚至你会因为得到这些偏爱，上班上得更起劲；也会因为失去这些偏爱，愤而离职。

所以，你在职场上真正想追求的从来不是公平。

你想要的是被重视、被偏爱的"特权"。

如果在职场上不被偏爱，你也就无法升迁、加薪，就算当主管也不威风。

在职场上，你要的从来不是公平，那是你在得不到资源时，用来哇哇叫的口号和旗帜，用以鞭打得到特权的人；更惨的是，也鞭打不到。

弱者才求公平。强者求特权。

职位越高的上班族，享有的特权越多。例如，公司里面总有人不用打卡，或者每天只要打一次卡，这就是特权。而越是低层级的员工，越要照规矩来。

职位高的人在面试时，往往处处积极争取自己的特权。

以前有一个王牌主播，在面试时要求年薪三百万、一年只上班十一个月和每年享有一个月的长假，电视台主管看在她是高收视的保证，二话不说，爽快答应。这种高大上的福利不是人人有，但人人都想要有。

如果职场上没有"特权"这种东西，升迁也就变得乏味。谁想要升职后，过着跟以前一样的日子，领着"大锅饭"的薪水？

得到特权的人往往低调，默默享受着特权，但是等到有天他拿少了，就跳出来大喊要公平。由此看出，那些高喊要公平的人，都是拿不到糖果的孩子。

四处抗议不公平，你的人生不会因此更好过。花点心力，去思考如何成为嘴巴和手里满是糖果、得到宠爱的人，这才是积极的应对之策。

靠自己的努力过更好日子的人不是爱慕虚荣，而是有上进心。

当你踏入社会工作后，如果只想要当个普通的上班族，你的日子就会比较辛苦。但如果坚定要当公司的骨干，你就会积极努力，因为骨干可以享有很多很多特权，这是普通上班族无法体会的。

很多时候我们觉得这世界太势利眼，让人不舒服，但势利眼就是人性的一部分。

谁都想和有资源的人靠拢或者当朋友。当你能平心静气地承认"势利眼是人性"，就表示你愿意积极提升，让自己强大，而当你强大时，公司就会愿意帮你开特例。

你只要有实力，规矩可以为了你量身定做。给你配车、配房，都是笼络你的基本条件。

我过去在电视媒体业工作，这一行是个特别残酷、特别势利眼的地方。收视率高的主持人，要什么有什么；收视率低的主持人，从外表到声音都会被嫌弃："她老了""过气了""谁想看她那一套啊"，工作人员私下的议论比针还扎心。雪中送冰块，让你从里到外都寒心。

记得我大学毕业后没几年，在政论节目当工作人员。当时，政论节目正风风火火，连闽南语的政论节目都有。

我们的节目收视率不差，但隔壁团队的节目收视率全台湾地区第一，是电视台的台柱与广告主的最爱。"收视率不差"的与"全台湾地区第一"的节目，所有的待遇规格都有差别：他们的嘉宾费一集一万元，我们是三千元；他们招待嘉宾吃顶级餐点，我们只给得起白开水。

别说公司的差别待遇了，连有的来宾也难免会如此。有次，某位嘉宾答应来我们这边上节目，却临时说"有事，不能来"而推掉了我们的节目。录像当天，竟看到他神色自若地走过我们的工作区域，去参加隔壁节目的录像。我们能说什么吗？大家也只敢背后说好过分。

可是，换个角度，站在这个嘉宾的立场想想：他花同样的时间，去收视率第一的节目录像，拿的嘉宾费多、曝光率高。如果他守信用来参加我们的录像，对他来说太不划算了。

人世间的交情，往往抵不过现实。

无论是节目团队、公司或者个人，只要够强，都会觉得这世界特别美好，人人都对你和和气气，人人争相跟你合作，所有的规矩都为你量身定做。

当你变强了，让你烦心的事情就变少了。

当你发现别人还会说你酸话，不把你的意见当意见，不要怪别人啊，是你太弱了，弱到别人觉得踩你几脚都不会有事的。

无论你是做什么工作，记得努力让自己变成"职场红牌"。红牌过的日子是彩色的，且会让你赞叹："活着真好！"

 阿米托福

当别人打压你时，不要怪别人。你要恨自己不够强大。

唯有前进，才能看到光。

让自己活在被命运眷顾的一边，是一种努力与实力

凯文经理是公司的资深员工，员工编号 007 是最好的证明。他常这样自我介绍："我是 007，007 是我，有什么艰巨的任务，派我出马就搞定。"

每当他这样说时，同部门的人翻白眼的翻白眼，低头的低头，唯一会礼貌微笑的，就只有初来乍到、不知内情的客户。

凯文经理是怎么"爬上"经理这个位子的？答案是公司老鸟对菜鸟说不腻的八卦，一代传一代，成为口耳相传的，"不是秘密的秘密"。

流言传来传去，说不停，从来没平息，凯文经理纯真如

往昔。

有人说：凯文经理的爸爸是公司的董事。有人说：凯文经理的妈妈和老板娘是好朋友。

投胎对了，阿斗也能登基。

凯文经理的工作能力数十年如一日，毫无进步，经理的位子却坐得很稳。他说了一嘴的好管理，从来不曾上场展现实力。每当有任务来临，他总让下属上战场，万一"出包^①"了，都怪给下属就可以，所以他的部门流动率奇高。

没有实力的凯文经理要怎么镇住下属？

太简单了！

每当下属在工作上有疑问，凯文经理总有固定的招数可以轮流派上用场。

第一招：用羞辱打击信心

当下属 A 来问问题，凯文经理："这个你不会？这不是很基本的吗？这还要我教你？教你的时间，我自己都可以做好了，那我找你来干吗？"

---

① 与英语 trouble 接近，代指惹麻烦、出错。——编者注

第二招：书中自有黄金屋

当下属 B 来问问题，凯文经理：

"'怎么营销？'你不懂营销？啧啧，这三本书你拿去看一看，不要什么事情都来问我。我每天事情那么多，哪有空？"

"你要多看书，看书才会进步。要自己去想办法。这里不是学校，我也不是你的老师。我以前也都自己学，自己想办法。"

第三招："硬盘是你最好的老师"

凯文经理："你不知道要怎样举办这次的招募活动？这些活动在过去我们都做过了，都有记录。打开计算机的 D 盘，有个公共档案文件夹，自己去看一看，你就会了。"

我曾经问过凯文经理的下属为何要离职。他低着头，哀怨地说："我不想要自己进入社会后，一直都在跟着 D 盘学习，这样真的很低潮、很丢脸，也学不到什么。"

职场上越是光怪陆离又哀伤的事情，只要不是发生在自己的身上，都蛮好笑的。

把镜头再转回凯文经理一下。

每到下午三点，宁静的办公室常常传来凯文经理的呼噜声。他睡熟了，高高的隔板挡得住身影，却藏不住呼噜声。呼噜声的音量越大，同事们在 LINE^① 上的讨论越热烈：

"你听到没？"

"有啊！他打呼噜超大声。"

"整天没干什么也会累？"

"装忙也是会累的。"

"我看他计算机从早上就开着 Excel 表，到下午都没变过。"

"哈哈哈哈，昨天也是这个页面喔！"

"好羡慕上班睡觉也可以有钱。"

"拜托，人家的爸爸是董事，你爸爸是谁？你真是不懂事！"

在职场上，所谓的"实力"是很多元的。如果你认为实力就单指"努力"与"能力"，你一定会常常觉得委屈与生闷气。

人生而不平等，每个人一出生，天赋、健康状况、外貌都不同。人生这个战场，注定是一场不公平的竞争。

有两种大家台面上不太承认却影响巨大的"实力"，我想在这边告诉你。

一、家庭

"不要让孩子输在起跑线上"，这是许多父母常说的话。这句话中的起跑线，可能是幼儿园，可能是小学。

但这些望子成龙、望女成凤的父母可能没想到，从投胎成

---

① 一款即时通信软件。——编者注

为受精卵的那一刻，这孩子就站上了命运的转盘。运气差的从呱呱落地就输人千里之外，受老天爷眷顾的孩子，含着钻石汤匙一出生就在龙门。

为什么社会阶层这样难翻转？因为阶层的竞赛往往不只在一代，甚至可能是好几代，也因此，我们常常听到"医生世家""书香世家""家中五代皆台大"。

我常认为"投胎"这件事情，你要把它当作是一种实力，这样会让想着自己投错胎的你心情好些。不然你每天骂主管是靠拼爹、靠关系，主管也不可能因此和他爸爸断绝关系啊！

二、外表

"人帅真好，人丑吃草""人帅是搭讪，人丑是骚扰"，这些在网络上疯狂流传的句子，你可能都听过，而这些话之所以能广为流传，往往也代表大家对它们有着一定程度的认同。

在求学阶段，老师们都会期许学生努力经营大脑，甚至认为追求外表好看是很肤浅的。

可是等你进入社会后会发现，外表好，在职场、情场上都很吃香。没有好的外表，大家对你的内涵可能也就不太感兴趣。每个人的外表生而不平等。

漂亮或帅气的脸，往往就是聚宝盆与印钞机。很多年收入破千万元的电影明星，说穿了，就是长了一张好看的脸。

既然外表是门面，因此我们靠化妆、衣服去弥补，许多美妆视频博主有很多粉丝追随，因为这些粉丝想要变得更好看。

　　但很有趣的是，大部分的人不会认为妆化得好是在创造不公平的竞争，甚至会佩服这些人的高超化妆技术；而同样是使容貌变漂亮的"整容"，很多人就无法接受，觉得那是在外貌上"作弊"，是在用不公平的方法让自己从不被重视、捞不到好处的丑女，晋升到享受特殊对待的美女。这样的人真是太可恶了！不值得推崇与跟随！

　　整容与化妆，不都是在让自己变得更好看吗？为什么你的感受差这么多？

　　是不是因为你不敢整容，所以就讨厌别人透过这个比较勇敢的方式得到好处呢？

　　你的批评，是否只反映出你的嫉妒与软弱呢？

　　同样是整容，如果一个颜面烫伤或者遭遇过车祸的人，通过外科手术修整自己的外表，走出阴霾，活出新的自我，这时候你还会批评她整容不对吗？

　　所以，你反对整容，是不是因为你讨厌别人在容貌上"作弊"超越你，讨厌那些"作弊"后的精致容颜，拿尽许多你想拿的好处？而整容后没有超越你的，比如受伤后的容貌修整，你就可以接受，甚至觉得那样的人生故事充满光明与励志，值得让你在网上转发与歌颂。

所以，你不是讨厌整容这件事，你讨厌的是"被超越"。

媒体上常常有这类型题材的报道：外表不怎么样的土豪哥或是老当益壮的企业家，挑女友或者媳妇时总爱找漂亮的，被网友嘲讽为"洗基因"。

外表的不平等可以靠财力翻转，如果你的爸爸或者妈妈某一方有钱，挑选的对象也可能会长得好看点，而生为后代的你，则跟着长得不会差。

外表生而不公平，而这不公平牵扯的原因太多，因此，如果你能在后天想办法让自己的外貌变好看，我会认为你很上进、很努力。

我曾有位同事一心想当主播，在试镜落选后，她去敲了主管的门，直接表明内心的渴望，问："经理，我超想当主播。我觉得我的口条和播报都不错啊！为什么我落选了？你觉得我哪边不 OK？可以跟我说吗？"

新闻部经理看着她，直白地说："你的脸太大了，镜头上不好看。你去整容或者做做医美，想点办法，我就让你播播看。"

面对外表被这样严厉地批评，你可能会回家痛哭，或者背后骂着台面上主播的脸也都像肉饼、满月一样大，为什么就可以播。

无论是回家关门哭，或者骂别人凭什么，都不会让自己变得更好，只会显得自己心胸狭隘与没用。

有志气和有雄心的人不会用情绪解决问题，他们采取目标管理，思考策略。

一心想当主播的同事听完经理的建议后，找了家医美诊所，做了些努力。后来，经理也依照承诺，让她在假日的冷门时段播报新闻。

播报当天，经理看着电视说："她现在这样挺上相的。好啦，就让她播。"

同事圆了主播梦，资历上多了个"主播"的头衔。这项风光的资历，她可以一辈子带着走。让自己活在被命运眷顾的一边，是一种努力与实力。

如果你是一个在乎内涵的人，我也想请问你：

"才华"这东西是公平的吗？

是老天爷给的吗？

还是越有钱的家庭，小孩越容易有才华呢？

才华会不会也只是用钱堆出来的成果？

不要一天到晚抱怨不公平。你必须接受"不公平"是人生的常态，才能心平气和地去努力，争取到更公平的对待。

在人的一生中，我认为唯一公平的就是，我们每个人每天都有二十四小时，怎样运用，决定你今生的命运并影响你下一代的未来。

阿米托福

所有的打击都是祝福!

如果你只会在角落哭,那就是打击。

如果你说"老娘／老子做给你看",那就是祝福。

说出自己想要什么

"我想要当这次记者会的主持人，但公司想找外面的主持人，你觉得我该去争取吗？"

我的 LINE 窗口弹出小桃的消息。口气是询问，但我明白她只是想找人推她一把，增加她争取的动力。

"为什么想要当？"我非常不解，职场上不是多一事不如少一事吗？多做多错，何必把事情都往身上揽。

"我想要被看见，我想要证明我可以，那是一种成就的解锁……"

LINE 上的字如喷泉不断在消息框上涌出，快速繁衍增生，颇有山洪暴发的气势，就算我暂时离座三分钟，小桃应该也还没把自己的理念打完。这样的兴致勃勃，该说是热情不灭？还是执念太深？

几天后，又收到小桃传消息来。"我去争取了，被我的小主管打了回票。她说会场需要人手，主持人外包给公关公司比较省事。"

宾果①，跟我想的一样。

"我们明明人手够，又有备用人力，干吗不让我上场？唉……"

又过了几天，小桃丢过来的消息是："活动公关公司把主持人选的名单列了出来，那些主持人报的价格随便都要三四万。三四万耶！干吗花这种钱呢？我内心很不开心，我真的好纠结这事儿。"

执念难灭，贼心不死。小桃说，她要去找更高层的主管毛遂自荐。

隔天，我看好戏地询问后续，非常想知道小桃的大主管用了怎样的话术"打枪②"下属的死皮赖脸。结果，让我大跌眼镜，大主管同意由小桃来主持！主因倒不是能替公司省经费，而是可以节省与外聘主持人的沟通成本。

我请小桃吃饭，恭喜她终于圆了主持梦。

---

① 英语 bingo 的音译，叹词，此处表示猜中之意。——编者注
② 指否定、拒绝、批评等。——编者注

相同的事情，一百种人有一百种看法。对小桃来说，能主持大活动是人生成就解锁；而在我眼中，却是自己找麻烦。

纵然彼此想法不同，我很肯定她愿意积极去争取的行动力。

说到"要东西"，让我想起一位很会要东西的前同事。让我来说说这个故事。

话说：要如何辨识一个电视台记者是不是老鸟？

解答：就看他中午能不能有空吃到饭。一般来说，刚到电视台当记者一定会瘦个几公斤，因为没时间吃饭啊！

电视台新闻部非常忙碌，人人像四处飞舞的无头苍蝇或者急着搬运东西的蚂蚁，没有一秒空闲。菜鸟记者报到后，什么职业训练都没有，跟着老鸟出去跑个两次后就上场了，在做中学。

做不来的人呢？就淘汰。适者生存，不适者可以再去别家应聘。资历虽然短，但弥足珍贵，因为怯生生的"菜"味少了一点点。

妙的是，被这家嫌到爆的记者，在别家可能活蹦乱跳。职场就是你丢、我捡，这家公司不要的垃圾，别家公司可能觉得是捡到宝。怎么会这样？关键点只有两个字："缘分"。

古有明训："此处不留爷，自有留爷处。"这句话用在老鸟身上可能是负气离职，用在菜鸟身上则是转个弯，换家公司，加薪三千，挥别"鸟气"，晴空万里。

我刚到电视台的第一天，第一位和我打招呼的同事美得像仙女。我看呆了，心想：电视台的女记者都长得这么美吗？那我该怎么办？我该如何在美女如云的公司里生存呢？难道我应聘的不是电视台，而是凯渥与伊林①吗？

内心一阵慌乱，直到第二位同事走进来后，我松了一口气，原来电视台的新闻部还是有外貌普通的人。至于第二位同事是谁，我万万不能说，说了会得罪人。我只能透露她目前已经当上主播，证明人定胜天，大脑和内涵不见得可以瞬间超越外表，但也能以实力换机会，慢慢走出自己的一片天。

七早八早就到公司的我虽不至于闻鸡起舞，也算一大早就盛装打扮。毕竟职场的规矩是：菜鸟迟到一分钟就是没礼貌又不敬业，老鸟姗姗来迟叫刚好，主管下午进公司是合理。准时不准时，标准时间放在不同的人身上，标准大不同。

世界上所有的规矩都可以因人而异，大家也都觉得理当如此。不要怪世界不公平，要怪就怪你太"菜"，因此所有的规矩，你都得乖乖遵守。

当菜鸟时，我每天都忙得不得了，常常都忙到没空吃午餐。

有天，我肚子饿得要死，但稿子还没写完，便到楼下匆匆买了鱼丸汤，准备找空档喝两口。刚回到座位，资深的同事A走了过来，兴奋地说："你的鱼丸汤看起来好好喝喔，可以分我

---

① 凯渥、伊林是台湾模特界的两大龙头公司。——编者注

吃一口吗？"

我超惊讶的，怎么会有人要求分食鱼丸汤？！一碗鱼丸汤只有两颗鱼丸，能怎样分？分了，我就没得吃了啊！

但我居然没说不要，心口不一地说出："好，你吃。没关系。"

A欢天喜地说谢谢，大声赞叹我人好好，迅速把鱼丸咬了一大口，我的鱼丸被吃掉了半个！在她吃下那超大一口鱼丸时，我听到心碎的声音与胃肠咕噜噜叫。我肚子好饿啊！

随着时间过去，我对A的了解越来越多，尤其她的月经何时来，我（和其他女同事们）都一清二楚，因为她会逐桌一一要卫生棉。

俗话说救急不救穷，借卫生棉这种事情更是这样。哪有人每个月都来借的？那不是借，那是故意不买，用"伸手牌"。

我们私底下对她的行为议论纷纷，总是躲着她，和她保持距离。

我很坏，帮A取了个外号，叫她"要要看小姐"。

"要要看小姐"还真不是盖的。每次有不知她底细的菜鸟来，她就会对菜鸟特别友善，相约一起逛街，而她会边逛边说："这个我好想买，但我没钱，你帮我刷卡好不好？"

她要菜鸟帮忙刷卡埋单？对！从要东西，进阶到要你刷信用卡。

当然，"要薪水"这部分也不会遗漏。她向主管哭诉："我的房东涨房租，电费也变贵了，一定要帮我加薪，不然我的日子过不下去啊！"

有没有加薪？答案是有。

"要要看小姐"的行为当然不可取，但也让我深刻了解到：要了，就有机会。

台湾的社会文化教育我们要客气、要谦虚。于是在职场上，我们谦让又爱演内心戏；在感情上，我们喜欢别人猜我们的心意。一旦表达自己的欲望，似乎就显得贪得无厌。

但是人只要活着，就会有欲望，就会有想要的东西。

肚子饿了，你会明白地喊饿，也因此得到满足；上幼儿园时，老师教我们上课时想尿尿，要举手说，不要尿在裤子上。为什么我们对于生理需求都可以大方诉说，对于心理需求却往往想要隐藏呢？

说出自己想要什么，旁敲侧击找办法。问了，才有机会；不问，只有懊恼与浪费。

最后强调一下："要要看小姐"的行为不可取，因为那不是争取机会，而是贪小便宜，吃人够够。要东西的尺度与分寸，请大家自行拿捏。

阿米托福

你去跪别人、拜托别人，不是在跪别人，你是在跪自己的前途。

不要用抱怨耗损你的人生和精神

"老板都在乱投资。那些子公司根本不会赚啊！他投资一家赔一家，收了怕面子挂不住，而在那边硬撑。"

"老板还说要成立新媒体事业部，笑死人。拜托，光看主管名单就知道会死啦！都是五十几岁的老媒体人，他们连 IG[①] 都没有。什么新媒体？根本在乱做！"

朋友是个中层主管，对我抱怨着公司的种种，一下谈经营方向多不对，一下觉得人事安排根本胡搞，这样下去，公司绝对不会赚钱。他忧心忡忡。

---

① Instagram 的缩写。Instagram 是 Facebook 公司旗下一款移动端社交应用软件。——编者注

我听完所有的抱怨后，问了他一句："你一个月领二十万吗？"

他说："当然没有。"

我回他说："那你为什么要想一个月领二十万的人该烦恼的事情？你又不是总经理，这些事情是总经理等级才要操心的。你一个月领七八万，这样的薪水就是告诉你，你只是一个中层主管，你要烦恼的就是如何带领你的团队达成部门绩效目标，其他关你屁事。你烦心时，去打开薪水条，看看数字，就会知道自己想太多，也管太多了。"

朋友笑了出来，觉得内心好过多了。

很多人在一家公司待不下去，往往是因为想太多，且操心一些不是自己该烦恼的事情。

"不在其位，不谋其政"，你领多少薪水，就操心多少事情。这样你不会太累，也能做得比较长久。

如果公司真的这样糟糕，你可以骂一阵子后，上网打开求职网站，跳槽去。用你的脚唾弃它、离开它，而不是骂了一辈子，却不走。

如果你每天骂、日夜骂，却还是待在这家公司，其实也证明了：你哪儿也去不了，你只适合这家烂公司，你们门当户对，所以才会长相厮守；甚至一不小心，你就在烂公司做到退休了，证明你和烂公司很匹配，是真爱。

这世界上没有完美的公司，一如你也不是多厉害的人。"门当户对"，不仅适用于选伴侣，也适用在找工作上。

你很优秀，就会有人来挖你，或者你也会跳槽离去。一直抱怨却不走，只是伤害自己的心灵，让自己成为一个负面能量很大的人，以及让大家听得很腻。这样真的不太好。

选工作，不可能像买"健达奇趣蛋"，一次满足你三个愿望。很多时候可能只满足一个或者两个，你就该笑了。若还有其他不满意的部分，就等你翅膀硬了，再去找下一家让你更满意的。这样不是挺好的吗？

我每次选择工作，都很清楚我"为何而来"。

年轻时，选择工作是根据兴趣，拼梦想。

中年转行，是身体不行了，再拼下去可能要去买棺材，财产变遗产。为了养生，也为了求生，只好转到步调缓慢的企业。我很喜欢公司的上班气氛，同事们都很善良，给我很大、很正面的力量。身边都是善良的人，让我有足够的正能量把心灵调整到最好。心境好，看一切都会顺。这是我一直很想要的，所以对薪水，我就选择看淡一点。

后来，我又转行到薪水更低的大学工作。

薪水越换越低，到底是为什么？因为我在"斜杠"有成后，需要的不是公司给我多少薪水，而是能给我多大的自由度，让我有时间好好写作。

有趣的是，换工作后，我的衣柜也变了。

以前，里面挂满了正式的洋装、西装外套，无论是穿去出席应酬或者采访都很适合。西装外套以黑色为主，可以提升专业感，但一整排黑西装外套，也让衣柜看起来很"龙严人本①"。原来所谓的专业感，也是一种往生感啊！撑起专业，真的令人疲惫。

在大学工作，同事都穿帽衫，大学生也有很多人穿帽衫。渐渐地，我的衣柜出现了第一件帽衫、第二件帽衫。这些过去被我认为是运动服或睡衣的衣服，成为我的上班服。有时候一时贪睡，把晚上陪睡的帽衫直接穿去上班，也觉得没什么不妥。

人只要过得舒服，就不能再忍受痛苦和拘束了。

"绑胸勒腰"的漂亮洋装与"很有事"的西装外套被冷落，很像东区租不出去的房子，突然失宠了。

对现在的我来说，想要的是一份适合"健康生活""正面思考"的工作。赚钱很重要，但心灵和心情的健康更重要。

昔日的西装外套是美好的战袍，但光辉灿烂的一战已经打过，舒服的帽衫才是我的人生伴侣。不绚烂，却很踏实、自在。

我们是为了生活而工作，却常常被工作反客为主地影响了生活。

工作会影响你的价值观、说话方式，甚至择偶标准，所以要慎选工作。

觉得工作让生活失控时，不要躲在家里哭泣。你是自由的，你可以离开。

当你想骂公司时，先问问自己：当初我为什么来这里

① 台湾地区殡葬业龙头企业。——编者注

工作？

莫忘初衷。

大家出门上班，不是为了起床、为了身体健康、为了交朋友的。

你踏入这家公司一定是有目的的，可能是为了钱，可能是为了累积资历，可能是为了学习新技术。随时提醒自己这个"核心目的"，你工作起来就会有干劲。

不要把情绪浪费在枝枝节节的事情上，那真的不关你的事。在职场上，我们都是过客，拿走自己想要的，大家银货两讫，不要用抱怨耗损你的人生和精神。

遇到公司的政策变革，想不开时，记得打开你的薪水条，提醒自己：我不是董事长，也不是总经理，真的不用想这样多，明天起床九点打卡、六点下班，五号领薪水，让全家有饭吃才是正经的。

不要公司还没倒，你却因为太爱抱怨而做不下去，那就太傻、太天真了。

记住：职场无须天长地久，只有存款和薪水恒久远。

 阿米托福

生气，只代表你对这件事无能为力。

职场不是比谁最诚实，
而是比『谁最有能力解决问题』

"我跟你说，我主管说要麻烦你把稿子里的'业配^①'两个字拿掉，因为我们希望让你的粉丝认为你是真心推荐。"

小安是我的朋友，也是我暂时的老板。为什么叫作暂时的老板呢？因为他们公司找我做业配，业配的走期最多三个星期。

这个临时的老板，和所有老板都有一样的心态：花钱是大爷，我要你改稿，你就得改。

"为何不能提这是业配？"

厂商都常觉得粉丝的智商是 0，要网红配合一起掩耳盗铃，一脸无辜地假装世界无声。这出戏，我演不下去。

———————————
① 指广告。——编者注

"这就真的是业配啊,粉丝又不是笨蛋会看不出来。这百分百是业配,也是我百分百的真心推荐。不然我试用这样久,是在试好玩的吗?"我口气有点不耐烦,火气也慢慢升温。

"好,好,好,我知道你的意思,但我主管认为只是要改一点点,以及……你可以在稿子里多加一点情境吗?只是改一点点,可以吗?"小安夹在主管和我之间,成了里外不是人的传声筒。

"不能说实话,我就不接这个案子了。"我下了最后通牒,不做的最大。不要以为有钱就是大爷。

"你不能不接啊!你不接,我就麻烦大了。拜托你啦!我刚跳槽到这家公司,向主管大力推荐你。你现在不接,我就完了……好!好!好!你不用改稿,你不用改稿,我去想办法。"

小安的慌乱让我觉得不好意思。朋友之间,情与义的相挺值千金,不相挺就是千斤重。

我不知道小安是怎样搞定主管的,不过最后,我一字未改。

开团后,大爆单,团购的数量比厂商预期的多了四倍,粉丝对商品的质量很满意,成了他们公司产品的铁粉。小安的主管在开心之余,还特别包了一个大红包给我。

这是一次三赢的合作,粉丝得到优质商品的折扣,我得到金钱并且不违背诚信,甲方得到了他想要的业绩。

事后,我问小安到底是如何争取到我不用改稿的特权的。

他说："你和我主管的个性都硬，我只好请教资深同事，问他过去是怎样与网红洽谈的。"

后来呢？

"前辈说：'每个网红都这样啊！'越大咖的，越有一些坚持。大咖网红不缺我们这个业配，也比我们了解自己的粉丝。同事教我，'这时候，你不要去说服网红，而是要说服主管。在经营粉丝团这件事情上，主管不可能比网红厉害，你去看看我们主管经营过的粉丝团，都奄奄一息，每天抽手机、送现金也没有人来。你要那些身经百战的网红听"肉脚①"主管的，他们当然不会服气。所以，你要去说服主管，或者不要向他报备，只要业绩漂亮，他就会闭嘴了。'"

听小安生动转述，资深前辈果然了得，接触过的网红比小安吃过的盐巴还多，归纳出"第一次与网红沟通就上手的心法"。

老实说，会红的网红个性都怪怪的，要和这些"怪兽"沟通，还挺不容易的。

职场上，只有菜鸟才会乖乖听主管的。

有一点经验的老鸟都知道，老板不一定是对的。更可怕的是，你都听他的，他事后还可能不认账——这是什么？这就是老板要你背黑锅啊！每一只职场菜鸟都曾涉世未深，收到许多

---

① 台湾俚语，形容水平很烂。——编者注

黑锅与暗箭，此时就可以转行开五金店了。

在职场上，要不要事事听老板或者主管的话呢？我觉得万万不可，万万不可啊！主因有下列三点。

一、好汉只会提当年勇，宝刀早生锈了

宝刀不常上战场，生锈是很正常的。我在新闻圈的资历超过十年，可是，如果现在要我去SNG①连线，顺畅度应该比不过菜鸟记者。

老板或是资深主管过去可能英勇善战地打出许多战功，但他们当上主管后，久未上战场，对第一线的战场早就生疏，因此判断起来，往往错误连连。

我的好友小蓉说，每次主管和她一起去向客户交提案，案子一定会死掉，因为主管很爱教育客户，期待客户要有高大上的社会责任跟理念，但客户根本不想听。

她内心大喊不妙，再这样下去，客户会跑光光，于是，她开始密切留意主管的班表，当主管排休那天，就是她去向客户交提案的好日子。主管不到，是对下属最好的帮助。

二、只出一张嘴，不会考量实际情境

老板就是出一张嘴，出嘴的不用做事，会把标准拉到超高、

---

① Satellite News Gathering 的首字母缩写，指配有 SNG 设备的新闻采访车。——编者注

说得超容易。但事实上当然没那么简单。

实际执行的是你，痛苦的也是你，因此，如果你完全按照老板说的去做，可能会得罪其他部门的同事或者合作的厂商，甚至弄到两面不是人。

我在做公关时，最常遇到的情况就是老板对我说："这篇新闻，去叫记者撤掉！"完全把别人的公司当自己家的开。如果我傻傻地这样干，就是让记者更不爽，从此我将有更多灭不完的负面新闻，这是老板和我都不乐见的啊！

所以，我只会适度地把公司的立场转达给记者，而不是全盘告诉记者，因为沟通的重点不在于完整转述。如果完整转述是重点，公司买一支录音笔就好了，为何要请我做公关来处理危机呢？

进行媒体危机的处理，要评估利害得失；讲话前，思考别人会怎么反应、有怎样的感受，然后再说出口。达成双方都能接受的共识，才是最重要的。

因此，有时候不要老板一声令下，就往前冲。先观察一下情况，问问聪明且受宠的资深前辈该如何是好，表现出请教的样子，就会有人对你指点一二。有礼貌地请教别人，比装会、装懂、装厉害更重要。

托尔斯泰在《安娜·卡列尼娜》的开场白写道："幸福的家庭都是相似的，不幸的家庭各有各的不幸。"这句话用在职场就是："公司的红牌都很爽，公司的黑牌则各有各的不幸。"

在公司想当红牌，第一步诀窍就是不能太诚实。

在老板面前，说真心话绝对是个大冒险。在家，你可以尽情做自己；然而在职场上真性情的人，往往比不过马屁精与戏精。

职场就是在演戏，这是千古不变的道理。想要领人家的薪水，还想尽情当自己，是不是也有点说不过去？

三、别让未来的你，痛恨现在的你

只要你曾经当过业务员，一定了解今年的业绩超标就是明年的痛苦，因为老板对于绩效永远"贪得无厌"，如果今年太威猛地超标，就会逼死明年的自己。菜鸟会拼命努力，职场老鸟懂得适度努力。

跑步时，短跑要拼命冲刺，长跑重要的则是配速，适度地收与放，才能跑得久。在职场上，"活得久"很重要。很多能干的员工不是被别人逼死的，而是死在自己过重的责任感与绩效无法突破的压力里。

最后要强调，"听话"只是策略与过程，不是老板的目的。请你仔细思量老板心中的最终目的，去寻找达成目标的方法。

职场上不是在比谁最诚实，而是比"谁最有能力解决问题"和"谁最能打点好老板的情绪"。

至于怎样拿捏安全的阳奉阴违，这真的要有天分以及要看情况。我只能跟你说个大方向：记住，往前冲之前，请多想三分钟，你就可以不用去送死。

多思量有没有更圆融解决问题的策略，而不是像是吃了诚实棒棒糖一样去当炮灰。

 阿米托福

在职场上，有一种需要叫"老板觉得很需要"。不管你觉得这想法有多蠢，记得：他是老板。你稍微建议一下，若发现他一意孤行，就识相地闭嘴吧。

老板要，给他就对了。老板觉得需要，就是必要。

跟老板啰唆是气死自己，也没办法改变什么。既然事情这么蠢，就快点让蠢事情过去。

点头说"好"，不是认同他的想法，而是为了让自己好过。

认真就输了。适时地不当真，才能做得久。

勇敢选择所爱，才能得到自己想要的人生

知名主持人蔡康永从小念私立名校，当了十几年班长，是学校的风云人物。读研究生时，他上的是UCLA（加州大学洛杉矶分校）的电影系，同学们都传说他念了个"怪系"。

在我们现在看来，学电影专业还算正常，但在当年，这个选择可是走在很前面的。蔡康永在一段访谈中提到了爸爸对于他上电影系的看法，他说："每当有朋友问爸爸，我在上什么学时，他总是清楚讲出UCLA，但后面科系的部分就稀里糊涂混过去。"听起来，当年学电影应该是蔡康永自己的意思，而不是爸爸的决定。

他把念研究生的生活写在《LA流浪记》一书中。这本书

的第一篇就很有趣，提到编剧课的老师对教室里这些来自世界各国的学生说：

"编剧本的第一原则是：'世界上没有人是快乐的'。你的快乐，就是观众的痛苦；你越快乐，观众越痛苦。观众为什么要花钱进电影院，看到有人过得比他好？所以你写的主角不能快乐超过五分钟，在第四分五十九秒时，你就要让他痛苦地摔断腿，或者被鬼娃娃追杀。如果未来你们写的故事，谁在一开始就写主角很快乐，我就让他这一学期和快乐绝缘。"

教授的下马威奏效了！大家交出来的编剧作业内容如下：

"阿里巴巴到家门口，发现刹车失灵，车子冲向看电视的妈妈。"

"阿里巴巴把微波炉里的烤鸡拿出来，看到里面有一只死老鼠。"

"阿里巴巴把婴儿抱起来，发现婴儿跟自己长得完全不一样。"

总之，在每个学生交出来的作业中，故事主角阿里巴巴都很惨，且一个比一个惨，教授对此感到很满意。

我看到这段时，笑了很久，觉得蔡康永的研究生生活很有趣，他选了一个他爱的专业，给了自己精彩的生活。

他在书中的最后写道："兔子打鼓，人生耗电，回忆才是人生的电池。"

选择自己爱做的事情，你才有热情去支撑那些不开心的过程。

人生不会样样顺利，要靠热情去消化不顺的时光。

我们的文化，让我们都太在乎"有没有用"，却很少关心自己"开不开心"。

读有用的专业，可是每天过得不开心，最后你也只会把这个"有用"的专业搁置脑后，等到毕业后，改做其他想做的事情。

这个有用的专业，只是"用来"耽误你几年，对你来说它真的是"没用"；而你读完的最大收获是确定自己永远不会爱上这个专业，如此而已。

有一次，我和我的摄影师聊天。她过去任职于外企，由于很热爱摄影，加上不想每天在外企虚度生命，于是辞职，改做摄影，以接案为生。

她有句话让我印象很深刻，"为什么我们问候彼此时，都会问'你最近在忙什么？'，而不是'你最近做了什么开心的事情？'？忙是好事吗？开心应该才是好事吧。"

她说得很对，也让我重新思考起我们的文化。

我们习惯赞扬忙碌，好像忙得要死才是有价值的人。因此，就算你的工作很轻松，对外还是要说"很忙啊""很累啊""超忙的"，才不会被别人看不起，也才对得起薪水。

"装忙"成为显学，而让你忙的事情可能很瞎，不见得是开心的事情，所以如果你问别人："你最近做了什么开心的事情？"他可能会答不上来，甚至会逼出他的眼泪，因为仔细想想，最近好像真的都没做什么开心的事情。

我们大部分的人都觉得开心很重要，只不过一遇到要做选择时，却往往选了"有用"，而不是"开心"。因此，人生就很容易不开心。

我家附近有个咸酥鸡摊。在上一代经营时，老夫妻俩每天笑脸迎人，看他们开心，我们买起来也开心。

后来，儿子接棒，生意依旧非常好，但儿子每天脸都很臭，看起来非常不快乐。在购买时，问他任何问题都得小心翼翼地看他脸色，连问"还有甜不辣或者米血糕吗？"都得提心吊胆，空气常常凝结。空白五秒后，他挥挥手示意没有，炸着咸酥鸡，看着油锅说："你自己看，自己看，就剩这些了。"

虽然他赚的钱多，但光看他每天臭脸炸咸酥鸡，连身为客人的我都开始有点同情他的人生。

职业无贵贱，专业无好坏，重要的是你爱不爱。你不爱，就算在天堂，也像在地狱；当你内心觉得很棒时，就算是家徒四壁，你也会甘之如饴。

勇敢选择所爱，才能得到自己想要的人生。

阿米托福

对于选择，我开始做减法，确定自己不要什么，剩下的

就简单了。

Q：怎样才能不当职场滥好人？

你当滥好人绝对不是一天、两天了，也不只有在职场，你应该这辈子都很重感情、很心软吧。

会成为滥好人的主因是你擅长亏待自己，你觉得别人的需求比你的感觉还重要。

你最常对不起的人是"自己"，因为你都把别人的感受放在自己的前面。但别人真的这样重要吗？那些曾经让你亏待自己的人，后来在哪儿？

❶ 上下翻转　人生没有过不了的火焰山

你这辈子认识的人，大多数是过客，尤其同事更是过客中的过客。

当你认清这点后，请仔细分析每一个"别人"在你生活中的重要性，你就懂得如何"量力而为"。

处处尽力而为，只会让自己万分疲惫。

你要练习去表达自己的感觉，以平常心说"不"。

说"不"，不需要勇敢，只需要多练习即可。

就从日常买饮料和洗头等开始。比如当老板问你：要不要买塑料袋？——"不要。"要不要多带一份薯条？——"不要。"

接着，要练习对别人提出要求（指令）。

到发廊洗头时，要求水温热一点；剪头发时，设计师问你想要修剪成怎样，你不能说随便，要拿出许多韩国明星的照片，说："我要像他／她一样。"

人的"不好意思"可以透过厚脸皮慢慢不见，习惯成自然。不要让"不好意思"绑住你自己，勇敢地说出自己想要的客制化需求。

当你平时常常练习说出自己的要求，你也就有了对别人说"不"的勇气。

职场真的需要你这样退让吗？想想看，你上次离职之后，还有没有到过前公司所在的那条巷子？是不是没有？

对于一个离职后再也不会在乎的地方，到底你哪来这样多的不好意思？

好好做自己比较重要，不要再对不起自己了。

Q：你怎么处理别人嫉妒你的情况？

你的人生路可能会走上坡，也可能走下坡。

能和你聊得来的人，大部分都是因为你们走在同样的道路上；有天你不小心超车了，他当然不是滋味，这非常正常。

有时候，你要把"人"当"动物"来看。假如你养两只狗，每天都给一样的狗粮，两只狗可以相安无事；但如果有天你拿了鸡腿给其中一只狗，另外一只狗就会生气地狂吠了，就是这样的道理。

乞丐不会嫉妒富翁，但乞丐会嫉妒其他乞丐多得到一块钱。

乞丐为何不会嫉妒富翁呢？因为富翁的档次超过乞丐太多，跟乞丐不是同温层、同世界的人。

所以，当面临朋友的嫉妒时，弱者会生气或吃惊，觉得被欺负；强者不会困于情绪，他会开心自己来到了新境界、新层次。

偶尔超车一次会被旧识嫉妒，但超车很多次，超车到让他习惯，他就不会再攻击你了，还会炫耀和你是好朋友。

若他还会嫉妒你，代表你爬得还不够高，你就该努力爬得更高，让他输到习惯，就会来巴结你了。

如果他没来巴结你呢？没关系啦！只要你够强，想巴结你的人多得是，还缺他一个吗？

Q: 我有些下属在工作上表现很差，该怎么办？

以前我会说出"给对方机会"这种春风化雨的答案，直到我后来管理了一些下属后，才知道有些人一生追求的不是卓越成就，而是尽情"摆烂①"。

对于追求摆烂的人，如果你是主管职，忍耐这样的下属，你就是在自杀，因为他们的绩效永远不会好，但摆烂的人会给你许许多多不可思议的理由，让你觉得震惊。

若你姑息这样的下属，就是允许其他下属有样学样，整个组织就烂掉了。

所以，我会给摆烂的人最差的年终考评，请他走人。

这不是残忍或者冷血，这是给其他不摆烂、积极认真的下属一个交代。

认真的下属默默地扛起很多事情，不代表内心不愤怒。

他们看似温顺，但内心其实是在等你这个主管给他们一个公平正义，整顿好组织，才会大快人心。

---

① 指事情无法好转时，不再努力而任由其发展；得过且过，破罐破摔。——编者注

2

生存
翻转

刻意练习，才能成就非凡

生活中，每个人都在找路，找寻一个更好的机会，甚至是更好的未来，也没把握未来会怎样，我当然也是。

即便到现在，对于生活、对于工作，我都还是在寻求更多的可能，而这些可能，都需要去突破自己，才能发生。

我不断突破自己，不断去做自己没做过的事，把不熟悉的事，做到熟能生巧，甚至像吃饭一样自然。

希望你跟我一样勇敢，勇于接受挑战、超越挑战，然后登上新的高峰。

刻意练习，才能成就非凡。

怀才像怀孕一样，
时间久了就会被看出来

"退出公司群组的那一刻，我真的有断开锁链，松了一口气的感觉。"

茜茜在媒体圈工作了十几年，新闻工作本来就忙碌又高压，有 LINE 之后，更惨。光是公司内的群组就有二十几个，这还不包含同业信息交流群组、同事骂老板的群组、家长群组……群组开不尽，没有春风也会生，未读的小红点令人心烦与焦虑。

"我觉得再这样下去，我光忙着消除红色点点就可以手指刷到抽筋，眼睛看到'脱窗①'。"

茜茜觉得人生像是被各种社交软件绑架了。重要的大事情

---

① 闽南语方言，指斜视。——编者注

联络就算了，更惨的是，主管会在群组里讲笑话！

主管讲的笑话其实都很不好笑，但好不好笑不是重点，重要的是大家要刷存在感，一呼百应，一笑话百哈哈。管它好不好笑，就是会有一堆人回应"好好笑"，瞬间增加三十则未读，让人脸黑掉。

这些都过去了。

茜茜跳槽到一家传统产业公司，担任营销公关经理，公司准时六点下班，关门放狗。不加班的企业文化，让她下班后可以完全放空。

不过，甜蜜的日子总是过得特别快，有件事情让她觉得很不对劲——俗话说"有一好就没两好"，不好的地方还是 LINE。

"你们说说，秒回 LINE，居然不对！是不是很不可思议？"茜茜用一种不知从何说起的姿态，开始抱怨新公司的文化。

"为什么不对？哪里不对了？"好友们异口同声地表达力挺。

茜茜的朋友们个个都是职场上的"拼命三娘"，为了工作，别说不眠不休了，更可以抛夫弃子，只要工作一上身就变身成"钢铁人"，只有拼劲，没有人性与惰性。

茜茜一听大喜，像是在快溺毙的水中遇到了许多浮木。她面露喜色，紧紧抓住，口若悬河地诉说起来："新公司的同事们只在上班时间才回 LINE，更夸张的是连中午吃饭时间都不回复，他们跟我说：'这是休息时间，为什么要回？'是不是很不可思议？"

"这什么工作态度？烂透了！时代变了吗？"

朋友们痛骂时代变了，纷纷细数自己过往不管多烦、多累，就算在国外出差，半夜也会回复主管。话语一出，赢得一片掌声与认同。

聊天可以减压，却无法解决问题。餐叙后，茜茜面临的难题还是存在。

对于同事们开启"幽灵模式、慢条斯理地"回LINE，主管没意见。这让她脑中"职场好员工的守则"逐渐崩塌，她像个过期的软件没有更新，跟公司文化格格不入。

更惨的是，主管发现只有她会秒回LINE，所以当别的同事没有即刻回复时，主管就会敲她说："帮我找一下某某某，请她看LINE。"

茜茜暗暗惊呼不妙，因为这样下去，她不仅会变成"LINE总机"，还可能变成"LINE传话器"，甚至是"LINE寻人大队"。这已经不是能者多劳了，而是会过劳！

俗话说"入乡要随俗"，她决定好好了解公司的习俗，约了资深的同事晓铃一起吃午餐，细问生存之道。

晓铃放下手上的筷子，慢条斯理、若有所思地加重语气说："你秒回LINE会把主管宠坏！这样子，上下班时间会越来越模糊。以后标准拉高了，对大家都没好处。"

接着晓铃摆出甜美的微笑，说："我们大家都不会秒回啊！晚上下班后还要带小孩，怎么可能一直看手机？你以前的工作是做新闻，当然需要秒回，但你想想现在手上的案子，是不是有九成以上，明天处理也没关系？"

一语惊醒梦中人。

茜茜开始试着只在上班时间回LINE。同时，她放慢自己的转速，配合公司的文化，把大脑中"是非对错"的标准重新设定。

三个月后，她开心地说："下班后不被LINE绑架的日子真好！原来不过度敬业，是这样开心啊！"

每一种产业训练出来的人格特质是不同的。

转行可以说是重新当"新人"。主管对于新人的期待不会太多，包容性也会比较高；但第二次当新人的转行者，往往急着好好表现来证明自己的实力，却忽略了每家公司都有自己的企业文化。

如果茜茜继续用过去秒回LINE的工作态度做事，一定会招同事讨厌，因为这是破坏公司的潜规则。

好好表现没有不对，若能先融入组织文化，再来好好表现，更能兼顾到"人和"。

我有个朋友在美国的土木工程顾问公司工作。刚入职时，他每天都在公司加班到很晚，还把没做完的事情带回家做，工作效率领先于同事。

有天，资深同事直白地跟他说："你是一个好孩子，也很努力，但我们其他人都想一天只卖给公司八小时，在上班时间内把事情做完就好。你把工作带回家是用两倍的时间来拼，这样是不公平的竞争，麻烦你以后不要这样。"

我朋友被浇了冷水后，沮丧难免，可是人在异乡，加上肤色、种族的压力，他不再加班了。但同时却也惊觉他光是在上班时间做，就可以做得比美国同事好，也因此让自己的人生更轻松了点。

怀才像怀孕一样，时间久了就会被看出来。

新到一个环境，锋芒不要太露，不用急着表现自己。先观察环境，思考展现锋芒又不讨人厌的方法，这才是有智慧又成熟的职场人。

 阿米托福

一如推动巨轮时，初期一定会备感艰辛，费了很大的力气，却只有一点点进展，但只要方向一致，不断朝同方向施力，轮子就会越跑越快。

人生所有事情都是这样。

你拼命努力，却没有看清楚核心关键

"刚刚我们公司发的新闻，请问会刊登吗？"

没有一种职业不需要跪求别人。我在担任公关时，拜托记者刊登新闻是家常便饭，弯腰、跪求，我都OK。但是听到年轻记者说的一句话，还是会让我内心想骂脏话。

什么话呢？就是："你们的新闻稿写得不好，都太长了。我只要四百字，你可以改给我吗？"

LINE上传来的每个字，我都看得懂，尤其"新闻稿写得不好"这几个字，像是台风天猛力撞击窗户的狂风，我的玻璃心被敲得咚咚响，呼吸急促，仿佛要跳出水缸的鱼一样喘不过气来。

我暗暗想着："我出过书的，在新闻部十几年呢。你这死菜鸟嫌弃我新闻稿写得不好，到底有没有搞错啊！"

我在内心呐喊着、嘶吼着，情绪沸腾之下，飞快在 LINE 上打出回应："你说得对！我们新闻稿写得太差了，未来会改进。等等我们先改稿，给你四百字的版本，再麻烦刊登喔！"

记者对于我们的态度很满意，新闻也顺利刊登、曝光了。至于不满的情绪，我统统吞下了，一个字都没说。

如果仔细分析这句话："你们的新闻稿写得不好，都太长了。我只要四百字，你可以改给我吗？"你认为记者想表达的"关键"意思是什么呢？

我认为前面的嫌弃都是虚晃招式，真正的用意："请你帮我改出四百字的新闻稿，方便我使用。"

因此，怄气是没必要的，争辩新闻稿写得好不好也没必要，因为对我来说，重要的不是他肯定我新闻稿写得多好，而是"新闻曝光"。

看清楚核心目标，其他的就都可以当成虚线。忍他、让他，是为了成就自己的绩效。

做公关，公司最在乎的绩效就是媒体曝光度，新闻稿不能写心酸的。如果新闻稿石沉大海，等于白费工夫，而常常白费工夫，就会住在公司的冷宫。反之，只要你的新闻稿每次出手都可以刊登，公司就会觉得你好棒。

在职场上，"做到流汗，被人嫌弃到流涎"的悲剧，往往是因为你拼命努力了，却没有看清楚核心关键。

朋友最近负责帮部门采购一些物品，认真地货比三家后，她没有选择比较便宜的。对此，主管问她为什么，一副准备兴师问罪的样子。

但是她一句话就让主管安静了，并且对她的机灵深表赞赏。

她说："我们帮公司买东西，最重要的是什么？就是要能过财务会计那关，因此，单据完备最重要。报账若报不过，痛苦的会是自己，赔钱的会是自己。虽然同样的商品在国外网站买能便宜两成，可是国外的购物网站不会管我们单据核销的规格，所以无论多便宜都要淘汰！淘汰！"

朋友每次在执行任务时，都会先思考"这项任务的关键是什么"，才开始决定要怎样做，而不是凭直觉或者感觉，便傻傻往前冲，也因此大大降低了白忙一场的风险与日后的纠结。

当你陷入困顿、感到迷惘，甚至卡着不上不下时，你都得去思考：这件事情的关键是什么？

常去思考关键点是什么、核心人物是谁，可以让你不瞎忙。

看清事情的轻重缓急，优先捡起老板在乎的事情做，其他的事情视情况而定，才不会累到往生。

常去了解老板的喜恶，可以让你不白目[①]。

---

① 白目，指人搞不清楚状况而做出不当的言行。——编者注

而当你遇到一项任务，有多位主管介入时，要听谁的呢？有个很好的判断方法：请听命于考评你的人，他才是能决定你生死的人。

如果你身为高层主管，看清楚事情的关键就更加重要，因为你管理的风格与策略，会影响你的客户与下属。

如何双面讨好？分享一个小故事给你参考。

某位公关公司的董事长曾经对我说："我服务客户，从来不要求下属做到一百分或者面面俱到。"

我吃惊地问她为什么。她用看尽人情世故的神态跟我说："做到八十分，我的下属可以七点下班。拼到一百分，下属要到凌晨三点才能下班。无论是八十分还是一百分，客户都会满意，但我的下属长期这样拼命到深夜，很快就会离职。事事追求完美的管理方式，不仅会宠坏客户，还会弄死下属。下属如果常常'阵亡'，倒霉的是我，不仅要跳下来自己做，公司还变成了新人培训班，这不是傻了吗？"

阿米托福

在职场上，要把事情做好，努力是必需的。但是要做到被赞赏，"聪明地努力"更重要。

乖巧从来不是保命伞

某家大集团，有不少子公司，但每当公司要开展新业务、并购新公司时，娟姐的名字总会被提起。她能力强、听话肯做，努力又拼命，为人正直，除了对下属太严厉以外，还真找不到什么缺点。

从行政助理一路爬到副总，职务的变化也看出公司对她的倚重。大家都说娟姐是董事长心中的红人，红到发紫的那种。

娟姐律己严格，律人更严格，公司规定九点上班，她八点五十五分就站在打卡钟旁，以目光监督谁迟到了，铁的纪律，一分一秒都很精准。到公司吃早餐这种事情，她绝不允许。她说："公司付钱给大家，从九点就开始付钱，大家九点就得开始工作。"

有时遇到菜鸟不懂规矩，会听到她声若洪钟地大喊："不要到公司吃早餐！你们这是在偷公司的时间，当薪水小偷。以后吃饱了再来上班，上班就是要做事情的。"

既然上班要准时，下班是否也让大家准时走人呢？抱歉！你真的想太多了。面试时说六点可下班，但是正式上班后，往往到了七点半，大家才敢偷偷摸摸地逐渐散去。迟到一分钟扣钱，加班一小时不给加班费。

在娟姐"铁的纪律"管理下，员工像是被整理过的草皮，人格特质很一致：奴性都很高、很听话。

而那些不听话、长歪了的杂草或者树苗，要不就自己请辞了，要不就被娟姐逼走了，难以在公司容身。

娟姐为公司鞠躬尽瘁快到死而后已的程度，即便孩子发高烧，她也大义灭亲地准时出现在公司。除了法定假日以外，她全年不请假，甚至常常在假日主动加班。

看着她的拼命，同事们忍不住怀疑：是否有天她会死在公司，葬在公司，公司依照她的身形制作一尊铜像，放在打卡钟旁边，英容宛在地继续监督着大家："不要迟到！不许迟到！"一如日本的忠犬小八，成为感人肺腑又不可思议的传奇。

人人都知道，花无百日红。令人叹息的是每一朵耀眼夺目的红花随风招摇时，不会想到自己也有花落时。

"听说娟姐因为自以为功劳大，在开会时顶撞董事长，让董事长超生气，一怒之下就把她的职权缩小了。"

"我听到的是，业务部绩效不好很久了，老板觉得让娟姐继续管业务部的话，公司一定会倒。加上娟姐得罪太多人了，大家都跟老板说，娟姐不走，公司不会好。"

"没没没，据说是新来的总经理容不下娟姐。董事长重金挖来了新总经理，只好冷落娟姐，让新总经理可以放手大改革。"

娟姐到底是怎样失势的？

大家都不是老板肚子里面的蛔虫，却很爱扮演蛔虫的角色，猜心。基层人员靠着聊八卦，让别人知道自己也是挺靠近核心的。至于查证是否属实这种事情，拜托，只有天知、地知和老板知。

真相像是一块块小拼图，大家喜滋滋地收集，纵然明白真相只有一个，却也深知自己不是柯南，无法解出谜团；聊聊八卦，当当看热闹的乡民，就心满意足了。

失势这种事情不用明讲，从小地方就可以看出。

办公室的座位，可以看出此人的重要性：中层主管的位子会比基层员工大一些，而且可以得到较大的隔板，保障隐私权；高层主管不仅位子会大一些，也更内侧，座位还可以靠窗，欣赏风景；至于更高层的主管则可以得到独立办公室，甚至还有一位秘书坐在门口，防止大家随意闯入。

娟姐的座位从专属的气派大办公室换到了中层主管区。调整职务与座位，往往是坐冷板凳的证明与被资遣①的前哨站。

挫折可以让人变得有同理心。娟姐的气焰收敛了，不再颐指气使，甚至常常说出："请，谢谢，对不起"。

人不得志时，往往成了惊弓之鸟，处处小心。

娟姐的大学同学约她一起去土耳其十天，她缴了团费后却开始迟疑，忧心想着："虽然我有年假，但请假这么多天，老板会不会不开心啊？"

请假这件事，娟姐本来就不擅长，搬入"冷宫"后，她变得更是小心翼翼，生怕位子不保。

最终，她还是没去土耳其。她念叨着告诉自己："没关系，等我过几年退休后再去好了。"

娟姐默默盘算着，"只要我乖巧、听话，应该就不会被开除吧！"因此，不管新总经理下达多扯的命令，娟姐统统照办。

总经理在会议上说："为了维持公司的整洁，办公室内禁止饮食。"其他主管听过就忘了，只有娟姐要下属彻底执行，于是下属连在办公室吃糖果也会被她斥责。

人不红时，连下属也开始嘴硬："娟姐，为什么我们不能吃东西？别的部门的人都可以，我们又不是在地铁或者无尘室

---

① 资遣为台湾地区劳资双方中途终止劳动关系的一种方式。资方依劳方年资发放一定的薪资，予以遣散。——编者注

上班!"

更资深的下属把话说得更直白了："娟姐,我知道你现在很辛苦,但翻红不是靠检查手帕、卫生纸、维持整洁这种小事情啊!卫生股长当得再好,还是不会受重用的。"

日日难过日日过,娟姐常回想起年轻时,许多公司开出高薪来挖角,她都没动心,更觉得自己一片忠诚被辜负了,颇有"我本将心照明月,奈何明月照沟渠"的感叹。

娟姐如履薄冰,事事乖顺,也没能让她度过寒冬,盼到春暖花开——董事长还是"优退①"了她。一生奉献给公司,被逼退只花了不到十分钟。

娟姐离开后低潮了一阵子,自己创业,开了公司,倒也经营得有声有色,从此再也没有人可以开除她了。

在公司上轨道后,她规划了土耳其的旅游,再也不必担心回来后位子不保。柳暗花明又一村,而这个自己打造出来的春天,似乎更牢靠了。

娟姐的故事其实是许多上班族的缩影,可以给大家四点启发。

一、功劳只有你记得,老板谢过就忘了

娟姐的能干是大家有目共睹的,但是对老板来说:我已经

---

① 优惠退职的简称,指企业与员工提前解除劳动关系,一般会给予较多的补偿。——编者注

帮你升职、加薪，很对得起你了。

在私人企业，老板连自己的公司可以存活多久都没把握，怎么可能因为你昔日战功彪炳，养你天长地久。

人性是自私且自利的，求生存更是动物的本能。

对老板来说，能帮助他赚更多钱、让企业不断成长的人，就是好人才。当你无法在贡献度上让老板满意时，也就是请你走人的时候。无论过往的劳多苦、功多高，只有你这个白发宫女还在话当年。

二、公司是一时的，家人的关系才是一辈子

娟姐为了公司，每一年的年假都不敢请。

也因为自己如此敬业，对于员工请假万分"感冒"，怎样都看不顺眼。每次批核时，总爱酸几句："身体这么不好，常常请假，你的业绩怎么办啊？""又请假、又请假，你没来，事情要找谁做啊！你说说看，你这个月请了几天假了？"

她把公司当成自己的，公司却没有这样想。而下属们更觉得在她底下做事情非常辛苦，常抱怨地说："拜托，娟姐也不想想她一个月领多少，我领多少。我才领三万块，各种保险扣一扣只剩两万多，我需要为了公司抛家弃子吗？"

为了公司抛家、弃子，娟姐还真的统统做到了。

她的儿子永远记住妈妈在他发高烧时，坚持不请假，因此

对娟姐有怨念，觉得在年幼需要妈妈时，妈妈狠心不陪。等到他长大也不需要妈妈陪了，儿子与娟姐很疏离。娟姐沦为一台好用的"妈妈牌提款机"。

娟姐赚钱让全家过好日子，到头来却落得老公也抱怨说："在很多人生的重要时刻，你都不在。""你最爱的是公司，不是我和儿子。"

娟姐在家庭一再缺席，让家人们觉得失落又失望，那是再多金钱也无法弥补的。纵然他们能试着体谅，但那些记忆上的空白，就永远空白了。

三、"不跳槽"是你评估后的选择

娟姐年轻时在职场上战功彪炳，总有许多企业想挖角，给她高薪，也给她好位子。但娟姐总是婉拒，觉得自己倘若跳槽会让老板失望；没想到，最后她尊敬、仰赖的老板却让她失望，甚至绝望。

其实不是老板无情。关于跳槽与不跳槽，是你个人评估后的选择。

娟姐当时选择不离开，除了感情层面外，也因为自认为未来可在这家企业高升，跳槽放弃年资与年假也不合算。同时也忧心万一转换到新公司，水土不服或被欺生，到时无法"回锅"，可就麻烦了。

总之，算盘拨了拨，权衡利弊得失之后，"留下"是最终的答案；而这个决定，得自己承担。

四、乖巧从来不是保命伞

很多主管最喜欢听话又不抱怨的下属。但如果下属很听话，却常常闯祸，主管也不爱。

听话的下属对主管来说，最大的功能性是好差遣，可维持主管的尊严与施展权力。不过，每个主管更爱的是"能解决问题"的下属。

老板把天马行空的梦想丢给大主管，要他想办法实现这个"梦工厂"。大主管如果发现自己能力不够，便会增聘新的专业人才来解决这个烫手山芋，所以能解决主管问题的人，就会得宠。在职场中，上层管策略，下层的人负责解决问题，以及做主管不想自己做的事。

许多上班族都以为"乖巧"是保命伞。错！

这就跟在学校时，你以为守规矩就可以获得老师的偏爱一样错误。守规矩只是基本款，成绩好才是保命伞，才能享有老师的偏爱与特权。

职场上的保命伞是你的战功、你的能力。

娟姐在离开公司后可以再开创新局面，也就是这个原因：增强自己的实力，才是最好的护身符与救命仙丹。

阿米托福

没有人是不可取代的，但你的能力可以带着走。

成熟的上班族不是冷眼看主管出包，
而是同在一条船，努力试试看

"哎哟，计划赶不上变化，变化比不过上司的一句话！"

莎莎埋怨着，回想刚刚开产品会议的情形……

在会议室，面对一整排新设计出来的样品，蔡总仔细地一个一个看，边看边摇头。大家知道这下惨了，铁定被打枪。

凝结的空气中，蔡总皱着眉头说："这些猫猫狗狗印在杯盘上，真丑！这种商品要卖给谁？设计部的人有没有品味啊？有没有用心啊？这种设计没有生命力，不会呼吸！"

资深的蕾姐经验老到，深知此刻不出来安抚蔡总两句，这场会议将没完没了，便急忙赔笑说："蔡总，你是文青，品味比较脱俗，猫猫狗狗的商品是卖给小孩和家长的。这整排设计，你看看有没有哪一款是你特爱的，我们就主打这款如何？"

蔡总叹了口气，像是在与品味低俗的凡夫俗子妥协似的，钦点了白底黑字的"名家挥毫毛笔字杯盘组"当年度主打。

会议最后，他语重心长地看着远方说："设计商品要有美感。你们知不知道，光一个白色就有三百多种白，有象牙白、乳白、苹果白……每一种白都是一种层次，独特而唯一。"

"拜托，谁知道白有三百多种啊！我只知道白痴的白、翻白眼的白，和白目的白。"莎莎边笑边说。

每次我们聚会时，莎莎总会提到她的"文青上司"蔡总。蔡总出身豪门世家，家中名画珍宝无数，他常自豪地说自己住在"小故宫"。

不仅如此，对于吃，蔡总也非常讲究，一年四季都要吃当令的食物才合胃口。春、夏、秋、冬，食物按节气上桌，马虎不得。

有一次，蔡总和大家去台东出差，想喝杯咖啡，厂商不知道蔡总高大上的品味，派了工读妹妹到巷口的超市随便买了杯咖啡回来。蔡总一看杯子，语重心长，忧国忧民地说："这种立即冲泡的咖啡是不能称为咖啡的，这是水，唉。"

蔡总的好品味和他含着八支金汤匙的出身有关，但这是人家命好，本也不碍着同事们，坏就坏在产品部的商品、营销部的文案，统统都得由蔡总过目、批核。每次在商品会议上常听到蔡总唉声叹气，为同事低落的美学素养"凭吊"，"山顶洞人都有审美观，你们……唉……我真不知道该怎样说……唉。"他常常都是在万般无奈之下，勉强签字。

也不知道是否命运的捉弄，或者通俗才是主流，在公司新推出的杯盘组中，蔡总最讨厌、觉得最俗气的猫猫狗狗系列卖得超好，各渠道商都抢着进货。

而他最爱的"毛笔字杯盘组"滞销，还得靠打折打到骨折的赔本价来出清。

莎莎像是看了一出好戏，急急跑来向我汇报最新战况。

她边笑边说："蔡总看到销售报表时，眼睛睁得好大，因为猫狗系列卖光光了，毛笔字系列却遭渠道商纷纷退货，弄得上台报告的蕾姐只好打圆场说，毛笔字系列在天母、信义区的销售数字很亮眼。蔡总钦点的款式，较能打动精英人士的心。"

更精彩的在后头。会议的最后，蔡总上台做总结，他看看大家，又拿起猫猫狗狗杯盘系列看了看，接着笑嘻嘻地对大家说："其实这猫狗系列看久了也挺可爱的。我喜欢什么不重要，最重要的是东西要能卖掉，一如狗罐头，我觉得好不好吃不重要，狗喜欢吃才重要。大家说是不是？"

顿时掌声四起，气氛一片和乐，大家都笑了。

"狗罐头，狗喜欢吃才重要"也成为大家下班后相互打趣的"梗"。

能屈能伸的蔡总也同意了，下一个年度的主打改为猫狗、熊猫、小猪等系列。

许多上班族抱怨主管是猪头，下的指令是一场大灾难，甚至有人会因此杠上主管，愤而离职。

成熟的上班族大可不必如此，因为"朝令夕改"是主管的权利。每一次的决策，主管要承担的责任一定比下属大。

一如莎莎的公司，万一商品滞销了，最后走人的一定是大主管蔡总。而位高权重的蔡总一定比下属更怕被资遣，因为他年纪大、薪水高、职位高，要再寻觅好的职务并不容易，所以当他做出任何决策时，必有其考量。

相反地，当主管做出令人惊吓的"非凡"决定时，下属只需要适当地提醒；如果主管执意不改，一个成熟的上班族应该要接纳上司的意见，努力去试试看，而不是摆烂，看主管出包。你的直属主管不幸沦为黑牌，底下的人也跟着被盖牌，永难翻身，大家坐在同一条船上，只能卖力地划。

试想，如果你是主管，推行新政策时，一定很期待看到"不凡"的成效来证明自己的英明。若下属能做出漂亮的成果，主管内心也会很感谢你、肯定你。

但下属如果阳奉阴违，"养老鼠咬布袋"（闽南语）来看主管的笑话，主管必定也看在眼里，往心中记上一笔——倒霉的还是作为下属的你。

在职场，大家都是为了五斗米折腰。领着民工的钱，不必操心总理的事。天塌下来有主管扛的日子，其实挺好的，不是吗？

 阿米托福

人不是神，主管更不可能全知全能，不可能每次的决定都能正中红心。

当下达命令的箭射歪了、飞偏了，只中了两分，主管只要能坦承错误，修正脚步，带领大家继续往前走，就很值得肯定。

朝令有错，夕改何妨？总比主管将错就错，把团队带到死胡同好啊！

工作和婚姻很像，俗不可耐的柴米油盐才是日常

"改改改，还要改！她到底够了没有？她就长这样啊，还要我修成怎样啊！家里是没有镜子吗？"

小珍看着计算机上薇姐的照片，右手愤怒地摔鼠标出气。鼠标好可怜、好无辜，错的又不是它，却是它在受罪。

薇姐的形象照已经修了十次，她一下嫌照片中的自己太胖，一下觉得法令纹太多、衣服颜色太暗沉、看起来不够有活力、不够亲切、不够……不够的东西很多，够的东西很少。

"你再修下去，连薇姐的妈妈都认不出来啦！"坐隔壁的小敏说着风凉话，试图让气氛好一点。

"我光想到今天上班都在帮她修照片，就觉得自己好没出

息，人生都在干鸟事！叫薇姐不要再这样神经病了！"

二十分钟过去，小珍修出了一张优雅中略带甜美、甜美中又深具智慧，智慧中又透着亲切的薇姐照片。

她在 LINE 上传给薇姐时，敲打键盘写出的文字不是"薇姐你去死，你就长这猪头样，还想修图成林志玲吗？"而是："薇姐，这张有帮你修瘦瘦喔，衣服也帮你从黑色调成红色，看起来气色更好了呢！"爱心贴图随文字一起奉上。

LINE 窗口中普天同庆的对话，背后藏着多少上班族的忍耐。

我们都以为别人的工作很光鲜亮丽、做着有意义的事情。啊！真的不是这样啊。

工作和婚姻很像：浪漫的婚礼像昙花，只是一现，俗不可耐的柴米油盐才是日常。

某日，和朋友聚餐，朋友笑笑地问："大作家，最近又写了什么文章啊？"

我神情顽皮，诚恳认真地说："我都在写《十二星座运势》《十二生肖财运》《一个动作看出你男友爱不爱你》《一张图看出你今年的桃花运在哪》……这样的文章，网友爱看的文章，才有流量。"

当时我在网络媒体工作，身为新闻部的主管，要负责调度记者、决定新闻方向。

听起来很厉害、很专业，真实情况却是，高大上的新闻往往没有什么阅读量。

"问世间阅读量为何物？直教新闻人生死相许、泪满襟。"阅读量为王、阅读量是一切，可以获得阅读量的文章，才能让人保住位子、赢得老板的肯定。

上班写这样的文章，我会觉得委屈吗？其实不会。公司有公司的难处。老板请你是来帮忙解决问题，不是请你来说三道四、谈改革的。

朋友见过的世面更多，听到我每天都在写这些"五四三①"，挺能理解的，还说了一个故事安慰我。"有一位得过国际设计奖的大师，他在演讲时说，他每天不是在做什么伟大的设计，而是在帮女明星修图。女明星才不管他有什么伟大的设计概念，只在乎腿要细一点、长一点，胸要大一点，皮肤要白一点。"

获得一份工作后，你会发现在面试时谈的工作内容，和后来的实际工作内容，往往差了十万八千里。

一开始也不是差这样远，是渐渐地、渐渐地……可能因为同事离职，你暂时代管一下业务，没想到公司决定不补人，这个暂管的业务就成为你的业务。

也可能是某次开会，老板把突发奇想的项目交给深受重用的你，慢慢地一切都失控了，慢慢地偏离轨道；慢慢地，你也

---

① 指没有意义、没有内容的话。——编者注

习惯了职场的荒唐。

许多时候我们进入一家公司，是想要学习到一些技能，羽翼渐丰时能帮公司解决问题或创新改革一些事情，好好施展才华。

渐渐地你会发现，公司要的是守成，要的是一个好的执行者。因此上班时，八成的时间，你是在对主管说"好的，没问题"，大概只有一成到两成的时间，你可以提出想法，做点小小改革。

改革从来不是容易的，缓慢的革新是企业比较能接受的速度。

成熟的大人面对鸟事，不是忙着愤怒与生气，而是分析鸟事的性质、鸟事推不推得掉、日后会不会再来，以及思考应对策略。

资深的职场人点头说好，不是真的认同这件事，而是几经评估"说好"和"接受"可以降低处理这件事的情绪成本，不因鸟事和自己的人生过不去。

至于要忍受鸟事到怎样的程度，这个答案看个人。

条件越好的人，忍受度越低，因为多的是公司抢着挖角。

条件不好的人，你更不应该花时间抱怨鸟事，应该快点把鸟事做一做，让它卡在你身上的时间短一点，让你有更多时间去做能增加你实力的事情。

别人的工作永远不会让你失望；但别人或许也正在对他的工作失望，只是你不知道罢了。

没有一个职位是没有杂质的，纯净无污染的鲜奶都不容易得到了，更何况是工作呢？

 阿米托福

我们看别人的人生，都像是修过图的，光鲜亮丽，无懈可击。

看自己的人生，却是原图无码，痛苦放大的崎岖。

人人都有难关，关关难过，关关过。每天睡觉也会过。

三十五岁是职场分水岭：过不去时，以即将要离职的心情上班

每个人都将是或曾经是——三十五岁。

对于年轻的你，这篇是写给未来的预言。

三十五岁之后，你再也不是一个年轻人了，好像到了这个年纪，所有的莽撞和不确定性应该要尘埃落定。

古人说三十而立，主因是以前的人进入社会早。到了现在，大家毕业晚，进入社会更晚，三十五而立才比较适当。

当你年过三十五，你可能会拥有一点点钱，一些奢华物品也能轻松入手，你也可能已经晋升到小主管的位子，前途光明。甚至，你可能会有点得意扬扬，以为人生就此一路坦途……

我想跟你说，那你就错了。

当你来到中年，随着你的年纪越大，岁数会成为你的心理负担。

企业不见得一定会因为年纪不要你，但你一定会因为年纪而变得胆怯，变得瞻前顾后。

如果这时候你已经成家立业，在做选择时就会更小心翼翼，因为你输不起。你肩膀上的经济压力、你习惯过好日子的生活方式，都像蜘蛛网一样层层包裹你，让你在面临职场挫折时，更觉得茫然、无依靠。

中年人是备受公司期待的，因为你是企业的新生代主管。

但中年人也是压力最大的，尤其当你逼近四十岁或者年过四十时，这时候的你在抉择工作时，其实很难搞、很"龟毛^①"：你要平均线以上的待遇；你要周休二日，可以兼顾子女成长；你精明计算通勤时间，太久、太远的统统不要，仔细评估下班时间不能太晚；你期待在职场上有所发挥，要钱、要位子却不想要太疲累，因为你的身体已经无法过度操劳。

中年的你，不能说是眼高手低，却绝对挑三拣四。因此你必定要知道，如果贸然离职，你的待业时间会比较长。

这和你是否优秀无关，而是由于你设定的条件不低。市场上当然有这样的梦幻工作，但需要花费时间以及用尽所有人脉，甚至需要一点点好运来助你觅得职场良缘。

---

① 形客对小事情优柔寡断。——编者注

建议年过三十五岁的你：当你对工作忍无可忍时，请不要率性离职（但如果是因为身体不适，请火速离开，保命最重要）。

既然不要率性离职，那该如何度过这样难熬的时光呢？请试着做这四件事情。

一、以即将要离职的心情上班

不知道你有没有发现，同事只要丢出离职单后，会突然变得神清气爽，神采奕奕，兴高采烈，因为深知就算公司有再难忍耐的事情，过阵子就跟自己无关了，再讨厌的上司也即将老死不相往来，从此人生枷锁被解除，上班心情变得很轻松。只要心情轻松，日子就不难熬了。

因此，当你很想离职，却因经济压力而无法率性离开时，请在自己内心设定离职日期，对自己喊话只忍到那天，改变你每天上班的心情，降低上班的痛苦，也许事情就会好转。好转后，搞不好就不想离职了，这不也挺好的吗？

有时候一份工作做不下去的原因，往往是因为你"太认真"。

二、积极丢简历

既然都想换工作了，就开始努力想办法吧！

当你有份工作在手，对于简历丢出去后没有回应，会看得比较淡然，得失心较低。当然，也会因为还在职，你评估新工作的标准会比较严格、比较挑剔，但这是好事情。毕竟大家都想在一家公司好好发展，不想流浪在各大企业"打酱油"。换工作光是又要开一个薪资账户、设定密码等就很累。

年过三十五，选择一份适合自己的工作尤其重要，因为入错行的成本正快速上升，自己拥有的筹码正在减少。

"丢简历"是测试行情最准确的方式。

请要有心理准备，此时你虽拥有一身好本领，却不一定吃香，因为太资深了，企业有时刚好没这空缺。不用你，不是你不好，而是你太好。

你一定要有耐心。

三、狂用人脉，释放消息

如果你都没有释放出想换工作的消息，别人根本不知道你有异动的心啊。

年过三十五岁的人求职有一个很大的优势：你有比较丰厚的人脉，可以适度向朋友放出风声，表达自己想要离开原公司的想法，请大家帮你留意。

四、薪资谈判，预留弹性空间

你的薪水可能已经很不错了，因此当你想跳槽时，"开价"

也成为你心中的压力。

如果你想面谈的是大企业，薪资较能让你满意。但如果是中小企业，薪资空间就比较小。

若你开出的价格让主管觉得是天价，他当下不会多说什么，仅一笑而过，为了保护公司的颜面。譬如，你开九万，但公司的人事预算只有五万，面试官自己也开不了口说出底价，怕被你笑话。

价格落差也是很好的筛选机制，假如薪资条件差异太大了，你也无法屈就太久。除非有其他好处，例如免打卡、可在家上班等福利非常吸引你，足以弥补你金钱上的损失，就可考虑释放愿意降薪的信息。

工作，对中年人来说是生活和社会地位的支撑。突然失去工作，将使人产生巨大的焦虑，笼罩在不确定的阴影下，甚至对自我感到怀疑。因此，除非存款够厚，请不要贸然辞去工作，"骑驴找马"才是上策。

骑驴找马时，即使马迟迟不来，因为还有小驴可骑着上路，不受"爱而不得"的烧灼。

我辈中人，职场路崎岖多，大家小心上路，互相照应，一起加油。

 **阿米托福**

我家楼上住了几位独居老人，我总是热情地向他们打招呼、搭讪聊天，担心他们今天除了我以外，没有人和他们说话。所幸他们都很爱运动，看起来很健康。

有天遇到了婆婆，她刚爬山回来，我问她："那条山路安全吗？"

她不解我的提问，比手画脚、夸张地强调说："安全啊！很安全！很好爬。"

后山那条紧邻我家的山路不是主要的登山口，我往往爬到一半，就因为恐惧那条无人路的安全性而折返。听婆婆这样一说，兴起了怎样也要爬一次的念头。

终于，有一天我爬上来了！没想到这条路非常安全又好爬，真不知道我当初在怕什么。

人生的路，往往也是这样。对未知的恐惧，往往会绑住我们前进的脚步，但真的拼下去做，会惊讶地发现根本没那样难。

超越恐惧，未知就会成为已知，成为人生新的道路与风景。

黄大米的人生相谈室（二）

遇到难题了？

欢迎来坐坐！

Q：面试可以问薪水吗？有人因为面试问薪水，被老板骂说大学才刚毕业，竟然就要三万块薪水。你怎么看？

面试一定要谈薪水啊！上班就是为了赚钱，不是吗？面试不问薪水，那要问什么？难道面试是谈心跟谈感情吗？莫名其妙！

你闷着头上班，等领薪日一翻两瞪眼再来吵，不是怨念更深，更不好吗？

每天开门七件事，柴米油盐酱醋茶，哪一件不要钱？

一日三餐都必须靠钱才能解决。像我每天都必须谈钱，从买早餐、买珍珠奶茶到回复企业邀约演讲的出席费。每天、每天，我都在谈钱。

我每一次的"卖身"，价码都不同。我的身价在小咖的时候很便宜，后来越来越"大尾①"了，价格也不一样。张惠妹没红前唱一首歌的价码，跟成为天后时的价码绝对不同。

调价、询价，都是靠自己。

你每次买东西都会杀价个五十、一百，却甘愿在月薪上吃亏，是什么道理？

薪水多了，你会大气地不计较小钱，连杀价都懒得杀。不是你大方，而是你赚得多所以大方。在买东西时费尽心思讨价还价，谈薪水时却闷不吭声，这样是省小钱，舍大钱，况且月薪还会牵动年终奖金，你怎可以随便？

我认为一个成熟的人就是要能谈钱。一个连钱都不敢争取的人，怎么有办法争取好的位子和福利呢？

家境越不好的孩子，就越不敢争取自己的权益，他们习惯被亏待。

家境好的孩子，在成长的过程中，可没受过这样的委屈。

请大家勇敢谈钱、勇敢要钱。

那些讨厌你谈钱的人，不是讨厌你这个人，而是他们给不起，检讨自己太失面子，只好贬抑你、伤害你。你不用理睬这些人，好

---

① 此处指厉害。——编者注

好谈钱吧！

如果有家公司敢一个月不给员工发薪水，不仅违法，你下个月也不会去了。所以上班的本质就是赚钱，不是出来交朋友。

当然，如果你家很有钱，另当别论。要是家里有钱，出来工作只为了锻炼身体也可以喔。

面试时，如果老板说出"为什么才刚毕业就想领三万？！"，这个老板一定是个很差劲的人，你要感谢他在面试就现出原形，没有浪费你的时间。

真小人，比伪君子更容易辨识。走过路过，快点错过吧！

如果你面试时不谈钱，愿意妥协，绝对不能是因为客气，而是你要拿其他的东西，例如大企业的品牌资历、大企业的人脉等等。

不谈钱的人往往布局深远，要的是未来的增值。有企图心的人谈钱与不谈钱，都是谋略，而非不好意思。

Q：新的主管提了很多很可怕的政策，怎么办？

请先都说："好，会配合"。

为什么要这样应对呢？因为新手主管常常在对环境还不够熟悉时，有满腔改革的热情跟想法，急着做出绩效，证明自己值得公司重金挖角，所以他会有很多厉害（恐怖）的改革、创新（行不通）的做法。

这时候如果你劝阻这位新官主管，他是听不进去的，因为他满脑子只会想着："我的判断很准确，你懂什么！"

此时，你也无须对新政策感到害怕，因为一个组织会发展成某种文化，一定有其道理，且组织文化的力量往往不是一两个人可以轻易撼动的，新主管多待一阵子就会知道自己该修正了（自己错了）。甚至，过阵子主管可能就"阵亡"了（呜呼哀哉）。

我有个朋友在某家公司待了两年，已经换了六任主管，真印证了"铁打的衙门，流水的官"，越高层的主管责任越大，命也就特别短，没有绩效，就得打包走人。

人生宛如一场马拉松，是在比赛谁的气长，所以你不用冲太快，急着对新主管表达不满；政策改变时，别急着生气、抗拒，就耐着性子观察，如佛祖般拈花微笑即可。

等待往往就有转机，船到桥头自然直，务必安心。

主管朝令有错，本来就可以夕改，改革得好，你也学到了一些他身上的本事；改革得差，他也很快就走了，也就没关系了。

事情可以急，心态要如老僧入定般缓慢优雅、处变不惊。

别自乱阵脚，静心等，时间会带来变化。人生比气长，慢吞吞的乌龟，比蹦蹦跳的兔子长寿许多。

Q: 请问你觉得最好的留人方法是什么?

最好的留人方式是什么呢?

让员工加薪、升职,让员工转调他想转调的部门,这些方式归结起来就是;让他开心,满足他想要的。

容易吗? 不容易。

加薪要看公司的营运情况。也许员工表现真的很好,但公司最近营运很糟。此时身为主管的我,如果因为一时心软,批准了下属的加薪申请,就是个搞不清楚公司情况的大白目。

升职,要看看上面有没有位子,人都卡死了,怎么升? 转调部门也是如此,我愿意放,对方部门愿不愿意收,也很难说。

就算主管惜才、爱才,有时候,主管也有他的无奈。

当下属铁了心要走,我听过最暖心的留人的一句话就是:"你去了新公司,如果不适应,不要忍耐,随时可以回来。"

这一句话为何能让下属非常感动?

因为旧东家的好与不好,自己早就心知肚明,也有了对策,已知的部分多,未知的部分少;跳槽到新公司,是种赌注,已知的部分少,未知的部分多,纵然谈妥更好的薪水与职位,其他未知的事项更多,像是主管的做事风格、自己是否能适应、同事是否好相处、公司文化等等,这些重要却无法具体条列出来的事情,都只能进了公司才会知道。

面试如站在岸上摸河水，只知一二，不知三四五；正式上班跳入水中，才知冷热。又如在云雾中前进，心情紧张犹如临渊履冰般的小心翼翼。

换公司是兴奋的，拥抱新可能也面临不确定性。此时旧东家如果说出"你随时可以回来"这几个字，等于是给离职的人一张保护网，万一赌错了、选错了，从高空掉落，不会摔死，不会一场空，也不会被嘲笑。你还有旧东家张开双臂欢迎你，懂得你有多好用，把你当宝一样珍视，等你回头。

因此，如果员工真的要走了，身为主管的你，比起咒骂他无情无义，不如大家好聚好散，告诉他随时可以回来，也是让公司再度拥抱人才的机会。

说个故事给你听。

有次，一位明星要跳槽去别家唱片公司。她是该公司的台柱，她的离开对唱片公司的收益影响巨大，但明星已经和别家唱片公司签约了，木已成舟。

如果你是唱片公司老板，你会怎么做？暗杀她、毁她的容、抹黑她，我得不到，别家也别想拥有。

哈哈哈哈，当然不是这样。如果是这样，这一篇就是社会新闻，而不是暖心的故事。

女明星跳槽后，跟旧东家当然也没了联络。女明星新唱片发布会上，昔日唱片公司老板带着一级主管盛装出席，恭喜女明星有新作品，让她又惊又喜。

因为旧东家老板这温暖的举动，让她决定把自己一部分的经纪合约，继续签给旧东家。

暖心老板这一招留住了女明星的心，虽然不再是独占她所有创作，至少也拿到一部分，并且和公司金主维持了良好的联系。人世间的变化很大，能维持联系就有转机。

我们常常规劝员工，离职时不要和公司撕破脸；但相同地，公司主管也应该想着，员工没有功劳，也有苦劳，想想他过去的贡献，员工如果离开的心意已决，暖心送一程，下属可能会更感激公司的栽培。

当然，如果能送上这句话："你去了新公司，如果不适应，随时可以回来。"下属绝对会深受感动。

职涯
翻转
3

不断去做，就会逐渐变好，
甚至做到非常好

每次做新的尝试，每个人一定都会紧张，我当然也是。

当你面对一件事情或者一项新的挑战，感到紧张与焦虑时，恭喜你，因为你正在远离舒适圈，尝试新的技能。

一开始一定会不顺手，但有一天你一定可以挑战成功，像呼吸一样自然。

不断去做，就会逐渐变好，甚至做到非常好。

了解自己，才能找到让自己眼睛发亮的工作

"我已经换工作换到……唉……都不想跟别人说我又换工作了。"

小云懊恼地说着，双眼没精打采地注视着回转寿司轨道上滑过来的一盘又一盘的生鱼片、握寿司；每一道都可吃，也可不吃，食之无味就任其转走。

一如此刻她在工作上遇到的状态：满满的机会，但每一份工作内容都难以激起热情，上班的理由只剩下比比看哪个钱多，哪个离家近。

"我懂，我懂，我出书后两年间换了三份工作呢。我都在想流浪动物之家怎么还没来救救我。我真的懂你的痛苦啦！"

和小云换工作的频率相比，我算是后起直追。

年轻人的漂泊是浪漫。

中年人的漂泊是命运与更多的不得已。

这五六年来，小云换了七八份工作，从政府部门的高官机要到知名大企业的公关，每一份职务都是令人"哇！哇！哇！"地称羡，她却像失了魂魄似的难展欢颜。

"你知道我过去在那家进口家具店工作，办公室有多大、多美吗？但我超痛苦的，上班一小时我就可以把事情做完了，只能发呆和上网，好寂寞喔。只要有人 LINE 我，我都好开心、好开心。"小云讲得生动，坐在富丽堂皇的办公室，她像是橱窗模特儿般漂亮，无心且空洞，灵魂如孤魂，空虚、寂寞、冷。这多年前的事情，她回述起来依旧明晰。

她是漂亮又有气质的人，连抱怨都很惹人怜爱，像是命运亏待了她。事实上，她却是我们眼中工作运极好的人，连去洗头都有人要介绍工作机会给她。

有阵子她经常面试，忍不住自嘲："我每天不是正在面试，就是走在去面试的路上。"

我点点头，听着她的抱怨，一阵悲从中来。我怎会不懂呢？

记得刚从媒体业转做企业公关时，我每天穿着套装华服，一本正经地去参加纯粹浪费生命的会议，都得用力捏痛皮肤，避免打瞌睡。而每当有记者来访，我得以出去透透气时，都有一种逃狱或者保外就医的喜悦，觉得自由的滋味真好！

上班没劲，根本是在坐牢。

我跟小云像是楚囚对泣，她关心地问我："你现在的工作不是挺好的吗？每天六点就下班了，哪里不好？"

人性就是这样，看别人的工作都觉得美善，然而个中滋味只有当事人知道。

"好山，好水，好……无聊。"无聊不是病，无聊要人命！

我仰天学狼嗥呜呜叫，试图将痛苦表达得传神一点。

"我现在的工作像你以前一样，一小时就可以把事情做完，于是只好打印出小学生的习字帖，练习写字，一笔一画，横、捺、撇、顿地消磨时间，练笔也练心。"

真没想到，我年纪轻轻，已经在公司过着带发修行的日子。

过去，我和许多朋友都很羡慕小云的人生际遇。她外表好、谈吐佳、个性优，放在任何职务上都体面又讨喜。她曾当过主播，为了小孩舍弃忙碌的工作。换跑道后的每份工作，薪水越来越高，能力也深受每一位主管器重。

一切都好，只是不快乐。不快乐，事情就严重了。

她说："我上班上得好没劲。这些公关新闻稿，我不用脑就写得出来。"她的能力太强，工作太简单。

薪水高，工作又轻松，让我们羡慕得要死，真想问问她是去哪里拜佛、许愿的，工作运怎会这么强。她却懊恼又困惑着，"我是不是太不知足了？我家人都在说我不惜福。我也想好好在一家企业待着啊！"

以前我是真心不明白她的痛苦，犹如饿汉不知饱汉苦，旁人荧光笔画下的重点是"薪水高，又有生活质量。"

关于痛苦这件事从来不是能感同身受的，往往要"身受才能感同"。

人生后来要走上怎样的道路，往往说不准。

我在几次职场转换后，也拿到跟她同样"轻松过日子"的大好牌。

我二次转职做公关。刚任职的心情一如新婚，看什么都美好。在绿树、阳光围绕的地方上班，真是太幸福了。六点准时下班，跟太阳公公一起休息。同事们善良又好相处。

我欣喜地感谢这一切，觉得这辈子的福报应该都用在这一次了。

一开始，有很多媒体事件需要处理，但有些工作的忙碌是有季节性的，在冲过去某些难关后，迎来柳暗花明，日常一片祥和——而日常代表了日复一日，"今天""昨天""大后天"相似到像在玩"大家来找碴"，得明察秋毫才能辨识出不同。

这样的日子，对于爱找刺激的我来说，真是痛苦啊！

在你很年轻时，如果选择了一份轻松的工作，一开始应该会挺喜悦的。

等快速上手后，就会逐渐不快乐，开始怀疑人生，想着：我一辈子都要这样下去吗？因为你精力正好，学习力正强，精气神十足。

太轻松的工作对年轻人来说是浪费生命，虚耗了薪资向上攀升的黄金时期。

太轻松的工作对有能力的中年人则是折磨，像是要一个精通乘除运算的六年级小学生，每天不断算着 1+1=2，他算得无滋无味，还得说着"好有趣啊"——能忍受这种折磨的人往往都是有经济压力的中年人。

中年人在年轻时如果尝过成就感的滋味，就不那么容易遗憾，也更能忍耐无聊，但依旧会有"好汉爱提当年勇"的感叹。一如我和好友小云，就是大千世界里许许多多中年人的缩影。

因此，怎样才是好工作呢？

绝对不是钱多、事少、离家近，如果只要符合这三点就是好工作，应该很多人都跑去卖鸡排了。

为何你明知卖鸡排赚钱，却不肯卖鸡排呢？应该是不想日复一日地过着翻炸油锅的日子。

钱很重要。但最终会让你选择一种职业、愿意持续做下去好多年的理由，钱可能只是其中一部分。

工作中能支撑你乐此不疲的主因，一定包含心灵层面的满足。无论是这份工作深具意义，或者这份工作符合兴趣，才能让你把吃苦当吃补。

在工作中觉得时间过得好快，如同热恋般喜滋滋地期待上班，觉得很有成就感的工作，才是好工作。

如果你觉得每天炸鸡排、看着客人喜滋滋地吃鸡排，让你很有成就感，这样无论是炸鸡排或者炸番薯，对你来说都是超棒的工作。

工作是如人饮水，冷暖自知的。

选择工作时，你要先了解自己是怎样的人。

我常觉得我一生最爱的工作就是当记者，因为健康因素离开后，常常有一种失去真爱后的失魂落魄。为何我这样热切地想当记者？因为我的个性闲不住，又好生事端，哪边有热闹就往哪边去，遇到越大的事情，越觉得自己有价值。别人看起来辛苦，却是我心中最热爱的工作。

了解自己，才能找到让自己眼睛发亮的工作。

而当你还没找到自己最爱的工作前，可以用排除法，知道自己不爱哪些工作、做什么类型的工作会觉得痛苦。透过这样的察觉与发现，相信你也会逐渐找到自己喜爱的工作。

＊＊＊

以上三点是写给年轻人的"情"书，但往下走就是要写给中年人看的"情"书第二卷。年纪不同，挑工作的标准也不同，血泪中带着真挚的情意。

　　＊＊＊

　　回想做公关时，每天，我凝视着我的痛苦、分析着我的痛苦，感受着自己起床时的厌烦感，思考着我到底怎么了，这么好的工作，为何让我这样忧郁。

　　我突然了解到，选择职业往往像是动物在挑食物，你无法要羊吃肉，也难以要狮子吃素，它们会食不下咽，精神与形体都奄奄一息。

　　这样无聊宁静的日子，如果是年少的我，应该会立即去拿离职单，挥挥手，不带走一片云彩地离职，但经历几次转职的春夏秋冬，对于职场，我已经能察觉三百六十行里共通的铁律，因此忍耐度也拉高了很多。

职场三大铁律一：完美的工作不存在

　　再喜欢的工作，也会有你不喜欢的人、事、物。你可以先倾听自己的抱怨，自我分析这是可解决的，还是不能解决的。

　　有时候有些痛苦，是因为你对环境或者工作内容尚且陌生，久了就好了。如果是这类可以通过熟能生巧而消除的痛苦，随着时间过去，你的感受会不同。

　　另外，为了避免你一时有勇无谋地错失好工作，请仔细思考后，记录下这份工作的优点，也许一个优点就足以抹平所有的缺点。

例如，小云为了想要陪小孩长大，选择工时有弹性的工作，而我则是贪恋公关职务的工时短，可以好好写作。所以，纵然我们宣泄情绪、哇哇叫的声量已到响彻云霄的程度，还是在思及"核心优点"之下，以比软糖还软Q的身段，忍受这一切。

中年人什么都没有，就是很能忍，别说为五斗米折腰了，五粒米就可以下腰。

职场三大铁律二：老鸟福利多，媳妇熬成婆

其实，就算你什么都不改变，别人看你的眼光也会变。

一份职务只要做久了，变资深了，不仅别人不太敢动你，你也能得到比较多的礼遇与特权，更具体的福利是年假变多了，请假也方便了。你不用忍耐这么多组织的捆绑，有了更多"保外就医"的自由，或许就可以适应，或者甚至出现转调的机会。

职场三大铁律三：职场赎身靠自己

在职场上，你最好的靠山是靠爸，但前提是你爸要有出息，留给你金山和银山。如果家里没有留给你这两座山，只留给你

"两亿"：回忆和失忆，那你还是只能摸摸鼻子靠自己。

职场上敢对主管拍桌子的人，往往是已有了其他工作机会，或者有了足够的存款。

"退路"和"钱"就是你的胆，当你存款丰厚，就算在上班时对老板鞠躬哈腰，也不会觉得委屈，因为你只是在练习演技，陪主管玩玩而已。

中年人的妥协不是软弱，是瞻前又顾后的责任感。

 阿米托福

我是怎样解除在工作上有体无魂，像是稻草人的痛苦呢？

我察觉到自己热爱学习，只要能持续在大脑或者技能上前进，就能安顿我的心灵。我的内心像头野兽，需要新的养分喂饱它，让它停止吼叫。

因此，我开始在下班后去听演讲、去上课程。无法在工作中得到的新感受，我靠下班后自我猎捕。

白天为了钱而工作，晚上为了我的心而劳动，身心因此平衡。

接到前下属小鱼的电话，"我该不该离职？"

准备换的新工作的情况是：一，薪水增加；二，自由度变高；三，学到新技能。

我笑了笑，说："我听不出你需要留下来的理由啊。"

小鱼语带犹豫，怯生生地说："我怕提离职，对现在的主管不好意思……"

请你回想每次离职，前一晚辗转难眠，设想了一千次的对话，最后派上用场了吗？我猜几乎没有。

最后登场的，往往是你没设想到的第一千零一种情况。既然如此，有什么好脑补剧情的？

离职就是去跑流程啊！跑的速度可能比恐惧的时间短很多，过程多数非常非常顺利，流畅到让你茫然。

"不好意思"提离职的情绪，很多人都有。

如果昔日和主管感情很好，提离开，怕伤主管的心。其实是你多心了。主管不会多伤心，而是会烦恼谁来接手。

资深又能干的主管，少了你，他也有足够的能力撑起来。主管见多了人来人去，反倒是你少见多怪了。

相反地，如果你和主管的关系差，内心的纠结会比较少——你思考的事情可能是最后一刻，要对主管泼盐酸还是翻桌，才能消气与展现霸气——我开玩笑的啦！你考虑的是该安静离开，还是微笑以对。

你也许会问：离职时，如果主管刁难怎么办？

哎哟，你要离职了，他身为主管的职责是签名，帮下属签离职单是他的工作项目之一。

我还没听过有哪个主管哭闹着说："我不签，我不签，我不要你走（嘟嘴＋跺脚）！"如果有这样戏剧化的过程，你应该会更坚定地想走，因为跟着这样疯狂的主管真的太可怕了。

请放一百万个心，正常来说，等你走到跑离职流程的这一步时，大家都会很干脆。

甚至对主管来说，签署你的离职单是当天最轻松的待办事项。

如果你的主管是个好人，对于你有更好的发展，他应该会祝福。

如果你的主管是个烂人，只想到自己、只在乎你离职后，他手下的空缺没有人来替补——这种主管，为什么你要觉得对他不好意思呢？

进一步来说，你对主管不好意思，但请问：对辜负自己的前途和人生发展，你就好意思吗？

自己的前途自己顾，上班就是出来赚钱、拼前途的，不是交朋友或锻炼身体的。无论你有多崇高的理想，若两个月不给你薪水，你应该就不会去上班了，所以上班的核心价值就是"赚钱过生活"（盖章）。

另外，也不要以为主管会舍不得下属离开。

有时候，主管内心是很讨厌某个下属的，只是碍于劳动法或者其他原因（比如他爸爸是公司高层），无法举行"送神大典"，只好如鸡肋般地勉强用着这个下属。

曾经有位下属向我提离职时，我内心的仙女棒仿佛在黑夜中点燃，闪闪发光，觉得自己"走运了"，招人怨的下属终于提离职了，差点喜极而泣，在内心高唱："转吧！七彩霓虹灯！转吧！转啊！七彩霓虹灯！让我看透这一个人生（转吧），让那没有答案的疑问，统统掉进雨后的水坑！"

至于主管会不会因为你离职而恨你，这重要吗？

请回想过去离职后，再见到前同事和前主管的概率有多高。就算你们住在同条巷子，恐怕一个月也见不到一次面吧！

如果不是朋友，离职之后就彼此生死两茫茫，只有脸书赞来赞去，仅此而已。

甚至如果你离职后，发展得好，前主管会对别人说："那个小鱼喔，她刚毕业时，我带过她，那时我就觉得她不一样。"锦上添花是人性，你把自己混好一点，弄成一块锦，就会有人来四处沾光。

跑完离职流程后，你会松一口气，之前的恩恩怨怨、无法忍受的鸟事，突然也没那样重要了。

过去那个一天到晚黑你的同事，以后不会黑你了，因为他要忙着去黑别人，你连被黑的价值都不存在。

跟你不对盘①的主管，从此彼此天人永隔，山水不相逢，相逢也不会在梦中，除非做噩梦。

是啊，职场就是这样，昔日在公司受不了的一切，只要一离开，就跟你没有关系了。

你的座位，两个星期后就有人补上；如果人事手脚快一点，隔天就有人补位。你退出的公司群组，很快会有菜鸟加入。

这就是职场，谁都不是无可取代的，谁也没那样重要。

因此，大家有缘在同一家公司时，善待彼此，就已经功德

① 对盘，有合得来、相互中意的意思。——编者注

圆满。就当作这是一趟旅程，总有一天，要下车的。

过去那些不开心的事情之所以会影响你的情绪，不是因为真有多不开心，而是因为你看不到痛苦的尽头。

当痛苦有了尽头，就变得比较不痛苦。而当痛苦走到了最后一天，就是解脱。（帮我点播一下阿妹的《解脱》，大家预备一起唱：解脱是肯承认这是个错，我不应该还不放手，你有自由走，我有自由好好过……是的，大家都有自由好好过，让自己好过是最重要的事情。）

职场上的痛苦，很多小伤转身就忘，大伤痛随着回忆也会逐渐淡去。彼此没有什么深仇大恨，只是刚好在公司互相看不顺眼而已。

离职请好聚好散，不需要撕破脸。上班就是在演戏，演了这样久，不差这一天。

"离职"和"就职"一样，都是职场必经的过程。

面对就职，我们欢天喜地庆祝着。面对离职却像是犯错的孩子，低调又遮掩，好像提出离职就成了不祥的鬼魅，同事如果多跟你接触，就是沾染了不忠的晦气。

离职真的有这样严重吗？我不认为。离职没有多难，只要你隔天不去旧东家上班就可以。

离职就像重新投胎转世，祝福大家都可以找到好人家投胎。离职之后才是起点，找到下一份适合自己的工作才是重点。下一份工作不一定要钱多喔！因为钱多不见得适合。不适合的工作是地狱，就算钱多，你也做不久。

能决定你人生往哪边走的，还是你自己。

 阿米托福

成熟的上班族，面对离职没什么不好意思的。你小学毕业时，在毕业典礼上也不会觉得对老师不好意思啊！

人生本来就是一个阶段又一个阶段，当你进阶时，庆祝都来不及了，干吗还频频回头看。

❸ 职涯翻转　不断去做，就会逐渐变好，甚至做到非常好

人生路上只要死不了人的，都是擦伤

小千每次打电话给我，都是面临选择点：

"我继续待在这家公司，能当上主播吗？"

"都十月份了，我要等年终奖领了再走吗？"

"我跟主管还不错，如果跑了，会不会不太好意思？"

"假如面试时被问为什么要走，要怎么说？"

连串问句，每句都是犹豫。往前、往后举步维艰，瞻前顾后，怎么看都是赌注。

当记者多年的小千每次遇到跳槽这事，智商就下降，浑身"菜"味，平日跑新闻的狠劲都没了。

"你要不要先跟新公司谈了再说呢？"

我话回得客气。我是南部人，北上鬼混多年后，已将台北人的客气话学成精：台北人的"要不要"，就是你最好接受，不然我们谈不下去。台北人口中的"还好"，就是东西不怎么样，有种勉强可接受的意思。

我对小千提出了务实的建议。所谓"比较"，一定是双方都开了条件，才能判断孰优孰劣。如果什么都还不知道，想了不仅没用，还徒增恐惧。

几天后，小千又来电。

"我跟新公司谈了，我要薪水多八张。"加薪八千，就转台。

"对方怎么说？"我问。

"她说要想想。她是不是认为我要太多了？她是不是不开心？她是不是不想要我？"

喊价后，没有立刻击掌贺成交，小千的内心戏再度隆重上演。

"你管她开不开心干吗？谈薪水就像做买卖一样，喊出一个你会开心的数字，对方开不开心不是那么重要。"

上班就是出来赚钱，钱到位了，心才会舒坦；其他的，都是其次。

"如果她愿意给八张，我要去吗？去了，我能播报吗？还是留下来，比较有可能当主播？我们公司好像打算明年帮我开节目，跳槽机会就没了，这样会不会太可惜？……"

小千心中的算盘珠子来来回回地拨弄，算不出最划算的定案。

看来，在小千心中的路有两条。

第一条路：留在原本的公司，薪水纹风不动

这个选择，图的是未来当主播和主持节目的可能。

可能，我说的是可能，没有拍板定案的可能。只要一不小心惹主管不顺心，这个可能性会从九十九降到零。

上班族都是把希望寄托在别人身上，鞠躬哈腰、察言观色，展现动物的求生本能。

第二条路：跳槽拼加薪

小千期待加薪八千，带动万位数字的进阶，例如四万二变五万、五万五变六万三，身价大跃进。

我觉得小千的烦恼，没那么难。"你等对方的答案，如果不能一口气加薪八千，你跳还是不跳？八千是一口价，还是有让步的空间？"

除了考量加薪外，她更需要决定职业生涯的方向。向左或向右都好，站在十字路口不仅危险，也到不了新地方。

"你是更想要钱，还是更想要当主播？两者都要，难度较高。你先选出一条最想要的路，心想事成的概率会高很多。"

小千想了想，给出老实的答案："我不知道啊，我都蛮想要的。这样怎么办才好？"

既然两者都想要，想做出决定，就得评估手上的筹码。

主播工作是青春饭，年纪过了三十岁，上播报台的概率逐渐下降；过了三十五岁则更低了，想播报得趁早。如果选了这条路，对于加薪的期待要往后挪一点，等播报久了，身价就不同了。

在新闻台众多的情况下，不少兼任主播月薪只有三万多，额外的播报费一节（一小时）的行情约两百元到七百元。

看到这里，你是否觉得这行很没"钱"途？挤破了头，只是空有虚名。

不是这样看的，资深的主播薪水还是很不错。另外，在有名气后，主持一场活动的价码是三万到六万元，这是一个薪水低开高走的位子。

小千三十岁了，我建议先做到主播。

任何职业都一样，一开始是最难的。只要你在这家公司播报过，跳槽去其他公司，别人也会给你播报的位置，因为大家都爱用能立即上手的老鸟。培植新手既累，难度也高。

另一家电视台的主管就算肯帮小千加薪八千，工作性质却是做深度专题报道。一如前面所说的，你在哪个角色做得好，主管只会期待你继续坚守那个岗位。

若小千把专题新闻做到得奖，会备受肯定，但不会因此而得到主播之位，只会得到满满做专题新闻的机会，随着年华老去，便也跟当主播的梦想缓缓道别。

每个人每天醒来后都在做选择。从早餐要吃蛋饼还是土司夹蛋，到晚上睡觉要不要关窗，这些日常选择，有些能如反射般地快速做出决定，有些可能会想来想去，最后翻盘，比如本来出门要买A，最后意志不坚地买了A＋B回家。

为什么有些事情可以如此快速地做出决定？有几种可能：

第一，这件事就算做错了，也不严重，你可以承担。

第二，你非常了解自己的喜好，所以能够一秒就做出选择。例如，吃面要加辣，喝珍奶坚持半糖，等等。

所以想要能治好犹豫病，重点有两个。

一、你要够了解自己

你要很诚实地面对自己的欲望，没有害羞与不好意思，没有"跟别人交代"这回事，只有自己想要与不想要。

而当你能看清楚自己有多"贪婪"时，这就是前进的动力。

"客气""让贤"，在待人处世上会受到肯定与欢迎，因为你丢掉自己，去迎合别人，当然人人喜爱。但最后你会讨厌自己，因为你辜负了自己。

在《爱丽丝梦游仙境》的故事里，爱丽丝迷路了，遇到笑脸猫，她问笑脸猫："请你告诉我，我现在应该走哪条路呢？"

笑脸猫说："那得看你想要到哪里去啊！"

爱丽丝说："我不知道……"

笑脸猫说："如果你不知道要去哪里，那么你走哪条路，也都无所谓了。"

出发要有个方向，不然就可能在原地打转，不断困扰着自己。

二、风险评估

许多时候，我们因为怕选错路，而把恐惧失败的情绪无限放大，其实那些风险你都还承受得起，不要低估了自己。

人生路上只要死不了人的，都是擦伤。

你不可能一直都做出最正确的决定，其实每个错误都深具意义：当你做出了错误的决定，你也会因此更了解自己，无论结果怎样，至少你的决定是心甘情愿的。

人生是一连串的过程。体验百种滋味，看尽春夏秋冬的变化，这样的人生才会过瘾。

故事的主角小千后来呢？

她找不到愿意帮她加薪八千的新东家，便留在原公司当主播，力拼将来成为当家一姐。

塞翁失马，焉知非福？

 阿米托福

换工作的审视标准之一是：你的主管现在过的日子，是不是你将来想要的？

如果不是，就可以考虑转行或者换工作了。

你的主管是你未来的样貌。

斜杠之路，你要记得
把心态归零

"斜杠"是近来最火的名词，无论你现在身处怎样的情境，好像只要告诉别人你是"斜杠青年""斜杠中年"，平凡无奇的人生突然就有了亮光。这两个字仿佛光明灯，有"斜"有平安，有"杠"有未来。

但"斜杠"真的是人生的万灵丹、职场的强心针、爱情的回春丹吗？

怎么可能！

在"斜杠"成功之前，可是有不少黯淡无光的日子要走。老话一句：没有挫折的成功，都是包装过的谎言。

身为一个"斜杠"的过来人，我要在这里分两个方面，和你谈谈"斜杠"这件事。

第一个方面是：工作上，"斜杠"的真实样貌。

第二个方面是："斜杠"思考能让你破除盲点，自力救济不求人。

一、工作上，"斜杠"的真实样貌

工作上，如果你打算"斜杠"，有很多很残酷、真实的情况，请让我先对你泼一桶冷水。

无论你是想要写作、经营网店、做直销或卖保险……统统都会面临一个问题：你的一天只有二十四小时。这也是老天爷给大家最大的公平。

当你上班九小时后，再去从事其他兼职或者副业，工作时间会延长到十二小时，甚至更多。而这时，收入并不会因为你加倍付出便等比增加。

"斜杠"在一开始的收入是微薄到让人毫无感觉的；你会住进"白工（宫）"，又大又寒冷。这时候能支撑你的就是有梦最美，希望相随。你只能靠着热情去支撑。

而这种过渡期大概多久呢？要多久之后，才能看到成绩呢？我的答案是：最快也要一年！

拿我的写作之路来说，一开始是没有稿费的，刊登我作品的网站都认为"让你这个无名小卒曝光，已经是恩赐了"。

网站每支出一笔钱，都牵扯到营运成本，他们宁愿把稿费给已经成气候的名家，总比押宝在无名小卒身上好。

后来，因为我的文章流量好，开始有专栏邀约，网站也愿意付费。稿费和金钱是很实质的肯定，也是写作者继续写作的动力。回首那段从没半毛可拿进阶到有钱领的路，我走了八个月。

所以当你在工作上开始"斜杠"，起跑时遇到了打击，请不要灰心。因为人人都如此，你并不是比较差，你只是在走"斜杠菜鸟"的必经之路。

"斜杠"之路，要记得把心态归零。

就算你在原本的行业中是呼风唤雨的资深老鸟，走到新的路上，你就是重念小学一年级，一切不娴熟，也不上手，跌跌撞撞甚至哭哭啼啼都是必经的过程。每个孩子都是在这样的情况下，适应了新环境。

至于"斜杠"之路值不值得走一遭呢？我认为是值得的。

如果"斜杠"成功了，你在职场上多了一个救生圈，像是从拥有一条船变成有两条船，假如不小心经营出数百条船，当了船王，就更厉害了。

进一步来说，万一原本的职场有状况，你能秒跳船，不会因为被资遣而出现财务危机。

常言道，货比三家不吃亏。当你有两种身份时，你也能比较一下自己更爱哪一份职业；逐渐选择出自己所爱的，人生也会更快乐。

如果"斜杠"失败了呢？我觉得也是珍贵的收获。

我在三十几岁时，因为感受到职场危机，开了一家服饰店。基于过往能力备受肯定，我自信满满地认为开店应该是轻而易举的事情。

在挑选店面时，我以挑住宅的标准去做选择，找了一间非常清幽的店面——果然，生意非常冷清，每天门可罗雀，上门的客人寥寥可数，空气中完全没有钱的味道，收摊的号角声倒是响彻云霄。

半年之后，我毅然关门大吉，深深体悟到自己不适合当商人，因为自己长久以来当上班族，在获利与成本的概念上太薄弱了。

我终于了解到隔行如隔山，贸然进入只会受伤惨重。

二、"斜杠"思考能让你破除盲点，自力救济不求人

接下来，进入第二阶段的"斜杠"思考。

什么是"斜杠"思考？在我看来，是把A这件事以B的情境来回答，也就是站到另外一个角度来看待困境，卡壳的大脑便能突然海阔天空。

比方说，关于职场的事情，我很爱从情场的角度来解答。

以我最常被问的这两个问题来看：

"离职时，要不要讲出真实的理由？"

"离职时，要不要说出我对公司有哪些不满，让公司好好改进？"

我们试着将"离职"一词换成"分手"，把"公司"换成"男友"，句子会变成：

"分手时，要不要讲出真实的理由？"

"分手时，要不要说出我对男友有哪些不满，让男友好好改进？"

句子改变后，不知道你是不是因此有了答案。

俗话说，分手的理由都是假的，只有分手是真的。离职也一样。离职就是跑行政流程而已。你真心真意把真实的理由说出来，难道是期待衰败很久的公司立刻改进，你因此被感动而继续留任吗？

一定不是，对吧！况且公司也做不到。

既然都要走了，大家彼此给情面，好聚好散。丑话说多了，日后难相见啊！

更何况你都要走了，未来这家公司好不好，都和你无关了，一如你的前男友后来是当总统还是当上黑道大哥，也都不干你的事情了。把自己的日子过好，才是要紧的。

因此，当你在职场上面临问题时，把大脑摇一摇，"斜杠"

思考一下，将职场的情境换成感情的状况，就比较容易看出问题在哪了。

我有位朋友空降到某家公司当主管，原本的主管被调离现职却心有不甘。他处处针对她，时常冷言冷语，在行政流程上刻意刁难。她卖力讨好，希望能让彼此的关系好一点，但一点效果都没有，对方的气焰反而更加嚣张。

朋友不解地问我："为什么他要这样恶意？"

我的解答是："你抢了人家想要的位子，怎样做都不会被喜欢的。他讨厌的不是你，而是讨厌位子被抢走，只是现在刚好是你而已。换任何人抢走这位子，他都会讨厌的。"

这情况就类似于两个女生爱上了同一个人，谁都想成为对方的女友，但位子只有一个，她们彼此怎样都不会对盘。

认清楚别人讨厌你的原因：不是你哪里不好，而是人类求生存的竞争天性。这样你就会释怀，也不用浪费心力，热脸去贴冷屁股地讨好，让自己更受伤。

在职场上"斜杠"，可以让你多些选择权。有选择权的人生比较不会受气，也可以潇洒来去。

在思考上"斜杠"，可以让你找到新的视角看事情，减少心情上的纠结。

无论是职场或者思考的"斜杠"，都需要花点时间练习，熟能生巧，人生路就能受益无穷。

阿米托福

有时候别人讨厌你，不是因为你做了什么，而是因为你

占了他想要的位子，仅此而已。

他恨的其实是自己的无能，只是把情绪栽赃给你。

被资遣，让你更懂得找到适合自己的工作

　　"离职要好好交接啊！不然等你下一家公司打电话来，我可不知道自己会说什么，呵呵呵。"

　　刻薄的人会理直气壮地把别人吃干抹净，业务部副总老许就是这样的人。他会像拧抹布一样把员工的剩余价值拧干，直到一滴不剩，才会笑笑放人。

　　老许所谓"体恤"员工的方法更是令人翻白眼。

　　"政府规定加班时间不能超过上限，大家早点去打下班卡，把工作带回家做吧。早早下班，明天早点来上班。"

　　不要脸的话，他说得脸不红、气不喘，不让公司吃亏，占员工便宜却理所当然。每个月的业绩数字是他的命脉，其余闲

杂人等都是草芥，可杀，亦可弃。

和老许当过同事的人都知道，他的眼睛看高不看低，下属万骨枯不足惜，但老板的事情，可万万怠慢不得。从清明扫墓准备热乎乎的春卷到台风天帮忙固定门窗，他亲力亲为，老板的每件小事都是他最重要的事，也是让他爬上副总大位的阶梯。

阿柳在职场走跳多年，中年转行，进了有"钱途"的业务部。但她对公司文化实在有许多看不顺眼之处。

"你知道吗？我们公司员工训练要跳汪汪操、唱汪汪之歌，吃个尾牙 ① 得大声呼口号，抽中大奖了，还要念出公司的员工守则。什么鬼啊！"阿柳边吃着仙贝，边跟我抱怨。

转眼，阿柳到公司一年多了，厌烦的感觉太强烈，她决定让自己喘息一下，向老许请育婴假。

老许劈头就说："请育婴假？公司没这个先例。你干脆离职回家，好好带小孩，不用请什么育婴假了，顾全大局！"说完便顺手把请假单退给阿柳，利落又干脆。

"我就是要请育婴假，你不让我请，就资遣我啊！"阿柳冷静寡言，话如锐刀，句句锋利。你狠，我比你更狠。

老许资遣了阿柳，死也不肯让她请育婴假。他担心大家日后有样学样，前仆后继地怀孕、生子，请假请个没完没了。

---

① 福建和台湾地区的商家农历每月初二、十六进行祭祀活动，称为"做牙"。十二月十六的做牙是最后一次，称为尾牙。商家常将祭拜完的东西犒赏给员工。——编者注

阿柳倒也真心想被资遣，与其水土不服地待着，不如拿钱走人。

最后一天上班，老许约谈了她。

同事们你一言我一语地告诉阿柳，听说老许在最后约谈时总会羞辱人，比如：

"你人生的最高峰就在我们公司了，之后好自为之啊！"

"你离开公司后，以你的条件，大概找不到像样的工作了。"

"少了你，公司一定会更好。"

阿柳也不是省油的灯，一进去面谈室，就先发制人地拿出手机，说："许总，我听很多人说，你在离职约谈时讲话特别难听，我怕我记错，出去外面乱说。我现在录音，把我们的对话录得清清楚楚，保护彼此。你有什么话要跟我说，就讲吧！"阿柳说完便按下了录音键。

老许看傻了，一开口，温柔又亲切，半句酸话也没讲。果然恶人没胆，遇到铁板就缩手。

阿柳被资遣后，顺利找到了新工作。等任职满三个月后，她发了封短信给老许，来了一记回马枪："许总，如果有人打电话给你，问我之前在公司的情况，请你好好讲，不然我也不好意思对外说是你们不让我请育婴假，才资遣我的。"

面对像老许这种奸巧之人，阿柳表现得机智又大胆。事实上，她是被屡次资遣训练出来的。

她曾四度遭资遣，而每一次资遣都让她获益良多。

第一次的资遣发生在二十几岁。

"我在电视台做节目，背后老板是大财团，员工都觉得可以在那边养老，结果老板把公司卖了。老板等到年后才资遣大家，给了不错的年终奖与遣散费，他还到各部门说抱歉。那次的资遣感受是好的。"

回忆起第一回遭遇资遣的情况，那次经验影响了她对职场的看法，她说："那时惊觉到，就算是业界大品牌的'养老'公司也可能不要我，从此我有了危机感，了解到不能依赖公司。后来，我在工作上的危机感一直很重，只要环境太舒适，我就会感到恐惧。"

对阿柳来说，资遣是一时的，影响却是一辈子。

第二次被资遣也是因为公司易主。公司亏损很久了，员工们都感受到那股即将"收摊"的气氛。

"老板口袋深又体恤员工日后的生计，不仅资遣费给得很不错，还有精神抚慰金喔！"阿柳得意地说着，像是发了笔小财，乐得呵呵笑。

"你怎么有办法老遇到要收摊的公司？两家大媒体收摊，你都碰到，真的很强。"我佩服起阿柳的强运与强命。

她回我："我才遇到两次，跟我周围的人比起来真的太少了。我有个朋友被资遣的经验超丰富，你听过的关掉的媒体，她都待过，真相电视台、明日报、大成报、壹电视……她统统碰上了，有这样的资历才有资格说是走到哪儿，收到哪儿。"

原来不只一山还有一山高，一山也有一山低啊。至于是高是低，就看你怎样解读。

这次被资遣后，她开始仔细研究劳动方面的法律。

"当你无知的时候，就会被恐惧吃掉。两次被资遣，我妈都叫我不要去领失业金，担忧我留下记录，对将来找工作不利，瞎说社保缴费年限会因此归零。其实这都是错误观念！我每个月都在缴保费，为什么我们不能去领失业金？你交了保险，有需要时却不申领，这样对吗？"

阿柳的心得是人在搞不清楚情况时，容易自己吓自己，后来她遇到不懂的事情就查资料，拒绝道听途说。

第三次被资遣是她对杠老许的故事。

此时的阿柳已经修炼成精，从柔弱的小倩变成吃人的姥姥，可以气定神闲，光明磊落地拿出手机录音，以一夫当关、万夫莫敌的气势，吓死讲话刻薄的主管。

第四次被资遣，又是公司被转卖。

在员工的协调会上，当同事们惶惶不安时，阿柳见多识广地说："资遣这种事情也没有什么大不了的。大家都被资遣过，对吧？"

同事们却纷纷摇头，说："没没没，我们没经验。你常碰到吗？"

一时之间，阿柳成了大家的资遣顾问，一堆人围着她询问流程与权益。

对上一代的人来说，资遣是他们很少碰到的事情。

过去，一份工作可以做一辈子，如今企业缩编、买卖易主太频繁，加上数字化冲击，稳定的工作将逐渐成为凤毛麟角。

有一大堆书在跟你谈"如何好好就业""如何升迁""如何和主管相处"，却没有人与你谈谈"如何面对被资遣"，好像资遣不是工作的一环一样。

但事实上，在这个无稳定职场的时代，企业自己都朝不保夕，资遣的状况随时可能发生，社会的价值观却还停留在过去，认为"被资遣就是你不够好"，使得被资遣的人压力更大，所以我一定要来导正观念。

被资遣，究竟有多普遍呢？

我上研究生时念的是名校的在职专班。基于保护校誉，我就不写出全名，我简称政×，你也可以说是×大。相信这样的写法，你一定没猜到我念的学校是政大吧！

班上的同学有十多人，都是企业精英，头衔一个比一个大，然而在这群人生胜利组之中，有五到六个人被资遣过，占比高达一半！当然，我这些同学的工作能力没有问题，品行也没问题。

所以请大家以平常心看待资遣，不要把这件事污名化，它就像找工作、面试、升迁、退休一样，都是职场的一环。被资遣更可能不是员工的错，有以下几种可能的原因。

一、公司的业务缩编

在这年头，许多公司为了要存活而拼命设立新部门，想找到新的营运方式；如果母公司财力雄厚，则会大举招募人才。很多人争先恐后地去应征这些新创部门，期待能捷足先登，占个好位子。

但新创事业往往是一种赌注：赌赢了，公司麻雀变凤凰，员工跟着吃香喝辣；万一赌输了，不堪年年破财之下，很可能整个部门被裁掉——在这种情况下，被裁员真的不是你的错。

不仅新创事业可能收摊，老字号的大公司也常因经营不善或者老板乱投资而关门大吉，就算你是超级敬业的员工，也会被扫到台风尾，被迫打包走人。

所以，当亲朋好友被裁员，请不要泼冷水。陪他们一起走过低潮期，才是真的好朋友与好家人。

二、公司的派系斗争

公司里总会有派系，最明显的就是新官上任三把火，第一件事情就开除掉前朝元老，免得将来叫不动、不好使唤。换上自己的人马，好调度又不容易窝里反地扯后腿。所以若血统不纯，再好用的员工也没用。

三、公司的营运据点外移

近几年，许多公司把工厂外移到中国大陆、东南亚。

工厂都收了，员工也只能四散。这种情况下，被资遣当然也不是老员工的错。

四、老板财大气粗，资遣员工不手软

资遣员工是公司的权利。老板只要愿意付资遣费，心情不好就可以资遣人。

职场上常有"暴君"出没，反正公司品牌大、薪水高，不怕找不到人才，随时可能叫员工当场走人。遇到这种老板真是伴君如伴虎，早点被资遣才能长寿，继续跟着一定短命。

被资遣的情况有非常多种可能，当家人或者朋友遇到时，请不要责备他，他比任何人都不想发生这种事。

请耐心等候他找工作，不要每天关心询问。找到工作，他自然会去上班，没去上班就是还没找到，非常容易判断。

如果被资遣了，记得一定要领资遣费，这是你的权利。

也一定要去领失业金，因为这不是政府给你的救济金，而是从你每个月缴纳的保费来的。任何保险都是为了在你出状况时解救你、舒缓经济压力，你当然要理直气壮地去领取。

职场上，柳暗花明又一村，被资遣了，转身换家公司也许赚更多。大家莫急、莫慌、莫害怕。

待业时，不代表你找不到工作，你只是被资遣后，更懂得找到适合自己的工作有多重要而已。

 阿米托福

我花了一下午，准备上电视节目要讲的故事，采访（骚扰）了一些朋友，终于觉得彩排脚本时，可以侃侃而谈。

每个哏都要彩排。唯有好好准备，才会表现得好。那些看似轻而易举说出来的笑话，从来都不是容易的，是神助，也是努力。

神给你好运，你要更努力，不轻易浪费。

成功只有两步：第一步，
和坚持到最后一步

人生的路从来不是你设定好轨道之后，就不会偏离。

我的好朋友大鼻，人生路在三十八岁那年完全离开了航道，从日复一日的上班族变成创业的老板。创业老板听起来很风光，其实是每天都在想办法活下去的校长兼撞钟[①]。

让大鼻想从职场上班族跳船下海的事件是一场海啸，不是天灾地变的海啸，而是"金融海啸"。

2008 年的全球金融海啸，不少企业被吞噬、消失了，没被淹没的公司也只剩下半条命，为了生存，只好裁员、缩编。

---

① 字面意思是既当校长，又要管敲钟。比喻身兼数职，各种活儿都干。——编者注

许多拿一手好牌的"人生胜利组"，也面临抽鬼牌的命运，中箭落马打包回家。这无关你优不优秀，是大环境使然。

回忆起当时的情况，大鼻叹口气说："很多优秀的学长学姐在科技大厂，都被资遣了。大家都会慌、会怕，担忧下一波裁员，会不会轮到自己。"

"兔死狐悲"这句成语最适合用在职场，眼见同事被资遣或被逼退休，受伤的不仅是当事人，还有其他被留下来的人——纵然没轮到自己，内心也胆寒，甚至会开始思索是否该趁早跳船。

大鼻想着，四十岁以前不转换跑道，就走不了了。

大鼻从小成绩优秀，大大小小的考试都得心应手，一路念到博士，在工研院做了十三年，每年固定调薪三到五个点，这辈子能赚多少钱都能精算出来。

这种按按计算器就可以得到答案的人生，大鼻也觉得挺好的。2008年金融海啸引发的资遣潮让他感受到计算器可能会突然出故障而归零，虽然他眼下的日子风平浪静，底下也许藏有不少暗流和旋涡。

他不想在风暴中坐以待毙。为了突围，他丢出离职单，顶着台交大博士学历的他创业卖——比萨饼！家人和朋友们都很吃惊。

妈妈对他碎念不断："好好的头路你不做，跑去跟人家卖什么比萨饼。"

妈妈不理解，从小家里最会念书、一路拿奖状的孩子，怎么突然想去卖比萨饼。

老同学们对他这样的职场转折也觉得不可思议："你疯啦？！"木已成舟，大家也只能力挺，到店里捧场，毕竟这个人生急转弯很不容易。

初创时，整间店的日营业额不到五千，他甚至得借钱付员工薪水，也曾因租金涨得太高而不得不迁移。

高学历名校毕业生转行的故事，怎样都有哏。媒体争相报道，各大新闻台争相采访，甚至连综艺节目都邀请他去录像。

"我从研究八寸晶圆，变成研究八寸比萨饼。"一样是八寸，产品大不同。电视上，大鼻有模有样地解说。"厨房等同实验室，我试了好几斤的面料，每天都在试吃。"试吃是"品管"，"比萨饼博士"连谈营销都飘着理工宅的味道。"我把 SOP^① 导入了比萨饼的制作过程，这样每一片比萨的差异性不大，良品率就会高。"

比萨饼就比萨饼，还良品率哩！听到大鼻在节目上这样说，我们哈哈大笑。

从做面板变成做面皮的他，以工程师的角度管控质量，复

---

① Standard Operating Procedure 的首字母组合，指标准作业程序。——编者注

制开店系统，逐渐上轨道后，他拓展加盟店，希望这能成为更多年轻人的事业。

从台湾到大陆，西进让他越来越忙。过去我们还能在电视上看到他，后来他越来越少出现在朋友圈，成了我们口中的"商务人士"，飞来飞去。

对于想创业的人，大鼻有几个提醒。

一、不要被社会对服务业的歧视打败

"台湾社会的阶层观念认为，开店做生意的不用高学历。"

对此，大鼻有很深的感触。以前他在工研院工作，收入稳定，加上还是个理工科博士，社会地位与收入都不差。可是当他涉足餐饮服务业之后，大家看他的眼光就变了。

他听过不少这样的评论："卖东西又没什么难的，谁来做都可以。"

我另外一个好朋友诗诗拥有硕士学历，从媒体记者转行开店卖衣服，她也感受过这样的歧视。

贵妇妈妈是她熟识的老客人，有一回带着女儿去店里买衣服，对诗诗说："我帮你介绍个对象好不好？我认识一位窗帘师傅，高大帅气，认真又上进，他在通化街有好几间店铺，是很棒的好男人，连我女儿都很喜欢他。"

"那你怎么没让他们认识看看？"诗诗顺口接话。

贵妇有点不好意思地说:"喔,因为我家女儿念到硕士……窗帘师傅学历不高,两个人恐怕不适合。"接着又说:"因为我看你也是做生意的,跟他应该比较合得来。你们如果交往了,你卖衣服,他卖窗帘,这样很有话聊。"

诗诗笑了笑,没说什么,内心想着:"我也念到硕士,不是做服务业的人就没有念书好吗?!"

聊到这里,诗诗感叹地对我说:"我只想告诉大家,别用职业或学历评判一个人内在的斤两。当你发现菜市场的阿姨都比你更知道客人想听什么、想买什么,挫折感超深!他们比你更了解这世界的运行规则,比你懂得更多。"

在许多人心中,服务业的社会地位较低,觉得好像不用念书就可以做。因为服务业的性质就是要服务于愿意花钱的人,使得付钱的人不自觉会有一种高人一等的优越感。

"不管你做得多么努力,别人很容易用一种带点轻蔑的口气称呼你:'啊,你是卖小吃的。''喔,你是卖衣服的。'"大鼻说遇到职业歧视时,千万不要玻璃心,他都会给自己打气:"看着好了,等有朝一日我开店无数时,所有的批评都会变成赞赏。"

念书是纸上谈兵,销售才是真金白银的战场。

二、创业不用打卡上班,但也永远没有下班

"大鼻,以前你工作时间和作息都那么规律,开了比萨饼店

以后，全都变了吧？"我好奇地问，因为眼前的大鼻俨然一副老板样，和过去的理工宅气质完全不同。

"是啊，以前上班只要工作九小时，下了班就干我屁事。现在则是无时无刻不在上班，每分每秒都在想着店里的事情。"大鼻说得很生动。

"我每天四处找投资人，跟想加盟的人介绍比萨饼店。"他发觉营销学问很大，"上班时只要把事情做好，现在财务、税务、人事、法规等，自己统统都要懂。开店以后才知道，不是东西好吃就自然会好卖，还要会营销。以前接到信用卡和贷款营销的电话，我会直接挂断，如今我都会和他们聊一聊，还会顺势问他们要不要来我的店吃比萨饼。反正我是一有机会就讲，一有机会就推销。"

大鼻的店因为有许多电视媒体帮忙曝光，对生意确实能加点分，但创业的艰难却不会因为镁光灯的照耀而变得容易。创业当老板意味着：就算在家睡觉，钞票也分分秒秒在燃烧。

三、创业后，常常难以兼顾亲情

"创业就是觉得可行就冲了，想太清楚就不会做了。不真的下水，也不知道水有多深。"大鼻认为既然开了头，就会拼命想办法。

"我常常飞厦门，只要有人想了解、想加盟，我就飞走了，和家人的相聚无法排在第一。甚至有时候家人想和我见面，还得预约……"当加盟店拓展到了大陆，亲情也只能放在事业之后。大鼻的语气藏不住遗憾。

这几乎是每个创业者都会遇到的情况。

"那妈妈还会念叨吗？"我知道大鼻和妈妈的感情一向很好。

妈妈一开始是反对的，现在也会带朋友来吃店里吃比萨饼。

"我妈的关心就是怎样都能碎念啊！"他传神地模仿着。

太早出门，会被念："就是开个餐厅，这么早出门是要干什么？"

太晚出门，会被念："睡这么晚，中午之后才出门，是要跟人家做什么生意？"

太晚回家，会被念："是做什么大事业？要搞到半夜三更才回来！"

太早回家更惨，"这么早回来，我就知道，生意不好对不对？"

每句碎念都是爱，也都是牵挂。

从前他是没事吆喝大家聚会、每天讲笑话的阳光少年，如今想和他聚会得提前预约。我问大鼻："你觉得你现在成功了吗？"

他摇摇头，觉得离心中的理想规模还有段距离。但他坚定地说："成功只有两步：第一步，和坚持到最后一步。不管当初的决定对不对，既然都做了，就要让它变成对的。"

 阿米托福

最珍贵的好朋友是，当你什么都还不是时，陪你一起爬行天堂路；在彼此都很渺小的时候，一起往高处爬，一起互相拉抬彼此一把，一起走向高点，在高点上一起傻笑说："哇！我们真的办到了呢。"

梦想的路很辛苦，坚持是唯一的路。坚持的心法就是："继续走，赖活着，不经意间就抵达了。记得要永远，赖活着。"

黄大米的人生相谈室（三）

欢迎来坐坐！

遇到难题了？

Q：如果要设定离职日期，你有什么建议的标准吗？

每个产业审视忠诚度的标准不同。

比如，在电视台工作的人很爱跳槽，跳槽才能加薪水，所以媒体业能接受你常跳槽，设定的日期就可以是半年到一年。

另外像公关公司，能待个一到两年，基本上就表示你很有忍耐力了，因为这行真的是无敌霹雳操劳和累。

如果一个行业很忙碌、很累，流动率很高，基本上都较能接受半年到一年就跳槽的资历。

❸ 职涯翻转　不断去做，就会逐渐变好，甚至做到非常好

但在传统产业，可能要待个三年到五年，才会算资历完备。

不同产业有不同的标准，先做点功课，了解想去的产业具有怎样的文化与价值观。

最快的办法就是去听这个产业的人力资源管理人士演讲，便能一探究竟。听的时候，勇敢举手疯狂发问，私底下继续追问。如果他回答得很棒，顺手换个名片，寄份小礼物表达感谢，他一定会对你留下深刻印象，愿意帮你留意合适的职缺。

最安全、又无得失心的离职，首推骑驴找马。除了在经济上比较不会有压力之外，当人力资源管理人员问你为何要跳槽时，你也能甜美地说：

"因为我非常喜欢你们公司，尤其你们的某某产品，在市场上非常具有竞争力……（以下省略八千字，影片快转三分钟。）"

这段话的重点是：我对贵公司很了解，因为深爱新欢，才忍痛挥别旧爱。

Q：主管因为生病，变得很情绪化，我非常受不了就离职了。新公司如果问起，我该怎么说呢？

我们都不喜欢和成天抱怨、很负能量的人在一起。跟爱抱怨的人讲话，会看到乌云缓缓飘过来了，聊久一点更觉得印堂发黑，元气被耗损。

所以，面试时不要讲前公司的坏话。人在说坏话时的神情，都不太好看。

另外，每家公司都有每家公司的问题，没在一家公司待个三个月到半年，很难断定自己是否从小火坑跳到了大火坑。

你去面试为的就是被录取，让面试现场的气氛洋溢着真善美，一片和乐，才是正确的。

至于你在问题中提到的：要怎样呈现主管的情绪化，又不会失礼呢？

建议你讲个故事，一脸祥和、温婉地说：

"我在公司三年，当时我的主管人很好，我跟着他学到很多。后来他家出了点事……"

（有没有出事，你不用管，"出事"这个词很好用，可大可小，而且很模糊——"出山"就比较具体，建议不要用。记得讲到"出事"两个字时，表情要哀伤，但不要掉泪，掉泪戏份太重，会吓到面试官。）

括号里的字太多，你应该已经忘了我刚刚说了什么。你看，人就是这样容易分心、容易被转移焦点的动物。总之，你要表达的意思是：

"主管昔日人很好，后来家里出事，常常需要看心理科，个性变得易怒、阴晴不定，你上班常常提心吊胆。让你有压力的不是绩效，而是主管。你想了很久才决定离职，但你真的很感谢这位主管过去曾经教你很多。如果他没出事，真的是很好的人呢！"

好了，戏演到这里就可以了。你没有说谎，但也充满了人性的温情与关怀，就算没得分，也不会失分。

喔！我似乎听见你打从心底里的呐喊：很希望这位主管去看医生！

这是你主观的认知。也许你的主管在地球的某个角落会跟朋友说："可以尽情发脾气的上班生活真是太舒畅了，我要保持直来直往的个性，才不会受内伤。"

即使对于同样一件事情，每个人的诠释也都不同，万万不要以为在这世上，大家的想法都跟你一样。

你的标准是你的标准，不是大家的标准。因此，再烂的人也会有朋友，就是这个道理。

Q：我该不该去考公职？

在涌向大米的提问中，最常出现的问题是：我该不该去考公职？例如——

"我三十岁了，工作不上不下的，要不要去考公职？"

"我刚大学毕业，家里要我考公职。我该去考吗？"

"我想拼公职一到两年，这期间靠爸妈养我（或者女友养我），我压力好大。考公职，两年会上吗？"

坦白说，我不是神明，无法让你掷筊[①]问未来。

至于考不考得上，除了你自己努力了多少之外，你的资质、你的身体状况和精神状态、你选的职位录取率高低等等，有太多太多的变量在影响。可以铁口直断你会上／不会上的人，要不就是神仙，要不就是神棍。

因此，你的问题，没有"人"可以解答，就算是"神明"最多也只能预测。每年的国运签都不一定准了，是不是！

平心而论，想考上公职最大的关键点是：你有"多拼"，以及"多想要"。

我的家人统统都是公务员。公职的好处，我从小看在眼里。

最大的优点是人生稳定，不用担心失业。时间到了，薪水就会进户头；时间到了，退休金就会发，活得久，保障多。虽然福利与过去相比缩水了不少，但还是比私人企业稳妥。

我的爸妈跟哥哥都很喜欢过安稳的日子，我很坚定地不喜欢。

年轻时的我野心太大、梦想太多，压根不想从事公职。而现在呢？在职场拼搏很久后，突然觉得公职挺不错的。

---

① 一种问卜的形式。——编者注

光是同一个我，不同时期对公职的想法都不同，身为一个跟你没有接触过的外人，我怎么有办法帮你评估呢？

考公职和换工作一样，都有成本。事实上，任何选择都有成本与成败，问题是你想不想赌。

如果你真的很想要，你就会拼下去。

人生是你自己的，阻挡你不去拼搏，你会很痛苦，你会怨怼，甚至根本阻挡不了你。

若你内心并不渴望公职，去补习也是浪费时间和金钱。因为当你在补习时，脑中会想着："这是我要的吗？""人生就这样吗？"

如果你常如此自我怀疑和茫然，请容我掐指一算，果断地说："施主，你与公职的缘分未到，阿弥陀佛。"

人生走什么路，做什么工作，如同去饮料店点珍珠奶茶，有人喜欢全糖不加冰，有人坚持去糖去冰。

年轻时你爱喝的饮料，也不见得一辈子喜欢。年纪大时，你的口味可能会改变。

所以"考公职好不好？""我该不该去考公职？"的答案还是交给你自己。

请跟自己独处，想想自己有多想要当公务员，我相信你会有自己"定制化"的答案。

至于要怎样准备考试，《联合报》的公职版写得非常非常清楚以及非常好，欢迎多去看看。每一个考上的人，故事都很动人。

如今的我有一点点的成就，家人虽然以我为荣，但身为公务人员的他们，并不羡慕我的日子，他们觉得太辛苦了。

我觉得辛不辛苦呢？拼搏的当下不觉得，现在回头看看，觉得也挺累的。虽然很热血，人生很精彩，不过如果再来一次，我可能会发抖。

以上小小分享，给你参考。

你要人生精彩，还是安稳？

你的答案是什么？

你想要的，真的适合你吗？

我最大的兴趣不是写作，而是买衣服。

不管再累、再忙，一走进自己深爱的服饰店，我都会突然变成"金顶电池的兔子"，精力充沛，容光焕发地试穿。

有趣的是，原本在服饰网站上心心念念、勾魂摄魄的洋装，等我带着新台币前往店里，看到那件衣服的"本尊"，往往就冷了一半；试穿后，就更凉了，完全不适合，购买欲瞬间熄火。但是接着随意在店内闲晃，有些看起来很不起眼的衣服，无聊之下乱试穿，却意外适合与惊艳，随即埋单入手。

所以，"看上的"和最后"带走的"，常常是两回事。

因为误解而喜欢，因了解而舍弃。

买衣服教会我很多"人生大道理"（谜之音：爱买就爱买，哪来这样多的理由，真是"理由伯"）：深爱的往往是错爱，不爱的往往意外适合。

爱不爱，总比不上适不适合重要。

即使结果不如预期，过程好就好

我曾有一段交往六年多的感情，男友劈腿，被我抓到。虽然没有捉奸在床这样精彩的过程，但揭开真相时，还是让我非常非常伤心。

二十九岁的我，没有妥协于年纪的压力，断然分手了。情伤让我食不下咽很多天，体重剩下四十二公斤，每天恍恍惚惚。

妈妈很忧心我会自杀；公司主管让我放失恋假。姐妹淘痛骂他没良心，觉得如果他跟第三者结婚，一定要去撒个冥纸热闹一下，拿着"大声公 ①"在喜宴餐厅门口播放闽南语经典歌曲《不如甭熟识》："若要知影会变这款，当初不如甭熟识，如

① 指手持扩音器。——编者注

今新娘变成别人，叫阮怎忍耐，站在礼堂外越想越悲哀，你敢会冻了解，啊～祝你幸福，啊～祝你快乐，目屎已经忍不住滴落来……"

当然我没这样做，这样做应该会上新闻或者爆料网站。

那阵子，朋友只要看到负心汉有报应的新闻，都会丢给我拜读，让我了解到被"棒杀"（闽南语）的不只是我。

如今回忆起这段感情，我对他只有满满的感谢。我们只是没走到终点的恋人，不代表那些年的相处没有意义。

在交往的六年中，他对我呵护备至。

当年，他要去大陆工作，离开台湾的前一晚，他拿了一本存折跑到我的租屋处找我，真切地说："我知道你不想拿我的钱，但我拜托你一定要收。我去大陆后，没办法照顾你，你一个人在台北，我不放心，你收下存折，我会安心点。"

他交给我存折后，就骑着摩托车赶回家去收拾行李。那一晚的感情多真挚、多动人，这些都是真的啊！

他是个非常细心与贴心的恋人。

有一次，我在路边摊看上一个发夹，一问价格要两百五十元，我拿起来看了看又放下，觉得太贵。

我们继续往前逛着，他找了个理由，转身离开，再出现时，手上拿着刚刚那个发夹，对我说："我看你很喜欢，就跑去买了。店员说：'你是要买给女朋友对不对？她刚刚看这个看了好久，我算你两百就好。'"

跟他交往的六年，是一段非常非常美好的时光。伟大的不是我，伟大的是他。

他谈恋爱，都用尽所有心思与力气。出生富贵的他最在乎的不是工作，而是爱情。任何女生和他谈恋爱都是上辈子烧了香奈儿的香或者烧了 LV 的旗舰店给神明，才能这样幸运。

后来，他跟当年的第三者结婚了。他们是真爱，我只是过客。谁是正宫，会随着时间或者很多情况的改变而易位。

我遗憾吗？还好！

我不遗憾失去他。

他很懂得照顾我，但他不懂我。我们可以一起生活，但他无法懂得我的心。

我们在灵魂上有远得要命的距离，那份不被了解的失落，总会如鬼魅般突然地冒出来。

有阵子，我的工作是帮百货公司写文案。他阅读后总说写得很好，我以为他懂。

有次我们走在街头，他捡起路上屈臣氏商品广告传单，上头的文字是每样商品从 299 变 99，他笑容灿烂地说："你写的文案就跟这个一样，对吗？"

刹那间，我眼前的风景凝结，我看到摩西劈开红海，就在我跟他之间。

我愣在街头，但他并未察觉我的失落与万千情绪。他继续快乐地牵着我的手谈恋爱，而我却失恋了。

你知道吗？大家都认为恋人之间有爱才能开始，矛盾的是，有时要无爱才能好好过日子。我过去的恋情常常爱得太用力，因此患得患失，让两人都辛苦。

我可以跟他和睦快乐地相处，除了归功于他的付出外，主因是我不爱他，所以我不会把爱捏得太紧，不会因为太在乎而让爱情窒息。

我不爱他的事实，这六年来，我心知肚明。如果爱情有个光谱：从深爱、爱到喜欢，我对他的感情比较接近喜欢，而不是爱。他在我爱情的"好球带①"上，不是正中红心。

我是个尽责的好女友，即便他去大陆工作，我依然守候，无懈可击。

谢谢他劈腿了，让我往后的人生有新的可能，而他也因此有了美满的婚姻。

我和他之间的恋情，过程很好，只是结果不是大家的预期，如此而已。

无论感情或人生，我们能不能从在乎"结果"，改为重视"过程"？不以成败论英雄，大家的压力也会小一点。

我们的文化非常爱以"结果"来论断一切，但人活着的每

① 棒球术语，指在本垒板上空的一个空间为合规投球区。——编者注

自我成全：现在多努力，将来多自由

一分、每一秒都是等值的珍贵。以终点来论断一生的好坏，是不是太过于偏颇？盖棺可以回望一生，但不应该以盖棺前几年的状态来论定。

新闻报道写着资深艺人在安养中心过世了。年轻时俊俏潇洒的他曾是电视台当家小生，晚年时失意、独居，令人不胜唏嘘。

大概每隔一阵子，就会出现老艺人晚景凄凉，或者昔日偶像女星如今外形走样崩坏，不再美艳如昔的报道。每次看到这种新闻，我都想着：到底有谁可以一直飞黄腾达，站在高岗上？谁可以永远轻盈年轻，外貌永远不崩坏啊？

不管你现在多风光，有天都会过气或者老去。前浪一定会死在沙滩上，不然这世界就人满为患了啊，是不是？

单身的我，一个人住，如果突然死亡，我可以想象新闻会这样写着："震惊！作家黄大米心脏病发，管理员屡次按门铃无人答应，会同警察开门，才发觉她已经死亡多日。消息传出后，黄大米的粉丝团上涌入许多粉丝留言，对她的离去感到不舍。"

（自己的死亡报道自己写，老娘我不假手他人，大家到时候就这样抄吧！我 OK 的。）

媒体可能很好心地将我的头衔升级为"知名作家""畅销书作家"，无条件放大我的成就，以铺陈孤独死去的哀伤。落差越大，越有新闻性。

但你真的会觉得我的人生很哀伤吗？

我一生玩耍得很过瘾，工作很有成就感，得到许多粉丝的喜爱；这些光辉与温暖，让我觉得活着很好，很有意思。

玩耍人间一趟，非常过瘾，怎样死、怎样离开，都无损活着时的精彩。

人的一生就是搭车看风景，再美的风景，都是过程，我们都会下车。过程好，就值得被肯定。

记忆是最美的宝石，当下的温暖都是真的，不因后来的风风雨雨而折损光辉。

 阿米托福

关于那些爱你的人，没有为什么。

关于那些不爱你的人，也没有为什么。

年纪大了后会知道，把目光聚焦在不爱你的人身上，对方也不会变得爱你，越聚焦越是伤害。不如多看看那些爱你的人，他们不需要你干什么，就自然爱你，也说不出为什么爱你。

只有活在被爱里，人，才会有光彩。职场、情场皆如此。

唯有爱，才能让精彩绽放。

和一个人相恋，等于选择了新的生活方式

"我上次去参加的那场联谊，其他女生的外表、仪态都很好，打扮得很漂亮。"小如说着联谊会的战况。

我说："哇！你遇到强劲的对手了。有没有打败她们，得到当天的人气王？"

联谊规则我很懂，姐姐我也是联谊饭吃到会发胖的那种。联谊玩的路数十年如一日，因为游戏从来不是重点，何必费心翻新。

小如拿下眼镜，以一种就算近视也能看清局势的态度，轻松地笑说："女生素质那么强有什么用？当天的男生都很普通啊！就算胜出了也会空虚。"

她接着说："算了啦！也许男生们也认为参加的女生不怎样。联谊只要没看对眼一个，就会觉得今天又盛装去浪费时间了。"

三十五岁的小如是单身贵族。

这年头，女人就算过了三十岁，样貌仍与二十多岁的妹子相差无几；尽管如此，身份证上的出生年份仍让人心焦。眼看青春像流沙般从指尖无声无息地滑落、消失，一寸光阴便是一寸社会压力。

追求爱情岂能坐以待毙，小如决定拼了！有约就去，有介绍饭就吃，至少见面多一次，机会多一分。

男生 A 说："我今年一定要结婚，你应该也很想结吧？"

第一次见面就谈结婚，这是在演哪出？小如急忙打断他的热情，回说："我还好，还是要先多多相处，交往看看。"

男生 A 滔滔不绝地说着，结婚事早就准备好。"很多人不懂婚礼的礼俗，这些我都有研究。你知道吗？婚宴上舅舅坐主桌是习俗上的误会，这是不必要的，因为……"

真是"吃紧撞破碗①"，第一次见面就听到《结婚进行曲》的配乐，女生会想逃跑。

男生 B 说："我笃信科学。科学可以掌控一切，能解释很多东西。"

———————
① 闽南语俗语，表达"欲速则不达"之意。——编者注

小如笑着反问："你遇到过科学无法解释的事情吗?"

B男先是强调科学的奥妙，紧接着聊起玄之又玄的"宇宙大爆炸"。小如神游太空，一开始颇有好感，觉得可以试试看，但越聊越觉得心冷。

不知不觉地，她已经吃了四五十场联谊饭、相亲餐。人海茫茫，想要两个人互看对眼难上加难。

"上次朋友介绍一个六十多岁的男人给我!"小如的语气有点无奈。

六十多岁，与小如相差了二三十岁。六十几岁的人关心的是长期照顾与失智预防，而三十几岁的小如感兴趣的是逛街、追韩剧，还有放长假时出去玩。虽然"年龄不是距离"的口号喊得响，实行起来却大有难度。

"拜托，一想到假如跟他在一起，交往没几年就要陪他过七十大寿，我没办法接受。"

小如说得很无力，但实在太中肯了，我没良心地哈哈大笑。在谈笑之间，我突然意识到：当你选择一个伴侣时，你不仅是爱上了一个人，更是在选择一种生活方式。

若她爱看演唱会，你会跟着爱上五月天、张惠妹；要是他爱棒球，你会认识郭泓志、阳岱钢，明白兄弟队不是在混黑道的兄弟。你的生活中开始有对方过日子的方式，对方的生活习惯也因为你而重新排序。

拿我朋友老张来说好了，年纪三十好几了，个性却像个小学三年级的调皮男孩，全身上下充满幼稚。他的兴趣是爬山、耍宝和带"团康①"。有天，永远长不大的他遇到了真命天女，一切就变了。

女孩是个钢琴老师，老张原本连五线谱都看不太懂，突然开始日夜听古典乐、交响乐，细数音乐家巴赫、肖邦和莫扎特的生平。

我们取笑他是为爱重新投胎，他总是笑嘻嘻地说："没有啦，我以前就喜欢听钢琴曲，也很爱听演奏会，只是没跟你们提过而已。我爱听死了，爱听死了。"

他恋爱了。

女孩与老张交往后，生活也有了巨大的变化。

音乐美少女的脸书上，发文从演奏比赛变成陪伴老张登山的小旅行。两人把七星山当后花园在走，山路不再陡峭，因爱而平坦顺行。两人的喜好交织成日常，阳光洒落女孩白皙的脸上，那羞怯、甜美的笑容闪闪发光。

爱情如果合拍，就是这样的愉快。

不过，并非所有的恋人都能如此幸福，交往之后的变化，往往不是一开始可以预料的。基金广告常出现的台词放在感情里也成立："爱情有一定的风险，恋爱交往有赚有赔。相爱前，

---

① 团体康乐的简称，指一群人一起做有益身心的活动。——编者注

请仔细观察对方的生活习惯。"

　　对，请仔细观察对方的生活习惯。为了降低情场血本无归的风险，你要做的就是好好看清楚对方的生活方式、交友的圈子，以及他与家人的互动情况等，是不是你能接受、会喜欢的，想象一下你能不能过这样的日子。

　　了解对方的生活方式，你才知道他会带着你往上提升，还是将你推入无边地狱。

　　确定自己能接受，再往下走。一如我在一开始提到的小如，她知道自己不爱这么快陪对方过七十大寿，也不想这么早感受吃寿桃、互道"福如东海、寿比南山"的喜庆乐趣，便火速又直接地拒绝认识对方。

　　对自己的感觉负责，不因年纪与社会压力而妥协，这是很正确的态度。

　　假若一开始觉得苗头不对，就别勉强自己，因为你妥协得了一时，却妥协不了一世。找到彼此心甘情愿、互相陪伴过日子的人，就是圆满，就是幸福。

阿米托福

在这个把"外表"当商品的时代，我还是认为迷人的大脑与正派的人品，才是经典的魅力，永不褪色，历久弥新。

爱上一个人可能是因为一张脸。离开一个人，说到底，还是因为"个性"。

怀念一个人，一定是因为她／他的"个性"，而不是"脸蛋"。

成熟的人要接受别人不要你的好

"你知道吗？我有一任前男友跟我提分手的理由是'我不会喂他吃东西'，让他没有恋爱的感觉。喂他吃东西哪！什么东西啊，他有手啊！几岁了，吃东西还要人喂，是幼儿园大班吗？"

旧爱很白痴，当时自己也爱得白痴。小薇说着昔日的恋情为何分手，理由听起来好幼稚，我们忍不住笑了。

一群女生聚餐时，免不了公审前男友，两人即可升堂，三人就是民意调查，四人则成为全体人民共识。

"我真的没办法在公共场合，你一口、我一口地互相喂东西吃。这是在演哪一出偶像剧？他居然因为这样要分手，我不具备喂人吃东西的技能，但我可是会帮他推轮椅的人啊！会推轮椅比较重要吧，是不是，是不是？！"

小薇是个有情有义的女生，虽然没有刺龙刺凤，但她说的每句话都像斩鸡头立誓，一言九鼎，以心为凭。例如：

"跟你说好的事情，我就不会忘记！"

"好！我挺你，我一定到！"

"做人就要有理想啊，做对的事有什么错！"

我相信以小薇的个性，在婚姻中，绝对是好太太，不仅顾家，还会守候病床前的明月光、把屎又把尿。但对她当时的男友来说，这太遥远了，远到像是下辈子的事。

人只要没碰到，就认为自己不会衰到，一如我年轻时是吃不胖的体质，年纪到了，就变成瘦不下的体质。这就是人生啊，不是不报，只是时候未到。

要只想甜腻谈恋爱的人懂得珍惜会把屎把尿的女生，这真的太难。他可能会对你说："我们可以先谈谈恋爱，甜腻腻地喂来喂去就好吗？我只想买爱情的简配，不想要生老病死的全配。"

谈恋爱和结婚是两个不同的战场，两者间有交集，却不完全重叠。

爱情的市场主力推手是感觉、是外貌、是财力、是开心。越年轻时谈的恋爱，越重视精神层面。物质的重要性则随着年纪而递增。

但是在婚姻里面，从见双方父母开始，就是一场买卖，谈的是你家聘金给多少、我家嫁妆给多少。婚姻里可以没爱情，但一定有数字在变动。柴米油盐的第一步就是婚宴上的钱怎么摊提、礼金怎么分。

分钱是婚姻中的日常，不分钱，无以继续，小到菜钱，大到买房，你家、我家从来不是一家。

很多时候我们对人的好，是从我们很主观的视角与价值观去给予。但那份好，却可能不见得是对方想要的。

不信，你看看自己，是否有时候也很受不了爸妈对你的好。

人与人之间要好来好去，"愿意给"和"愿意收"同等重要。

我有一个同学叫阿彩，她真是能干，工作上不管什么任务交给她，她都能搞定。然而看过大风大浪的她，唯有情关过不了。

每次提到前男友，阿彩总是细数着自己对他有多好，来凸显前男友离开她是多没智慧。她付出越多，更显得前男友越烂。

"他就只会当医生、只会念书，什么交际应酬都不会。当时他想开一间联合诊所，是我去帮他洽谈其他医生，诊所的装潢也是我找的。这些事情，我统统帮他处理好了，后来他竟然不要我啦！"

真心换绝情。人一旦绝情，就不会顾及你的感受。

"分手后，我跑去找他，他居然立刻把诊所铁门放下来，我一路哭回家。"

铁门隔绝了见面，也辗压死了阿彩的心，从此双方老死不相往来。

"人啊，还是有报应的。他的联合诊所没有我帮忙打理，最后没开成。都装修好了，只能退租，他只能继续当个小医生。哼哼哼，你说，他失去我是不是很可惜！"

即使隔了多年，阿彩一提到这段恋情，总以这段话收尾。

我猜对那个医生来说，应该不会觉得可惜。

每个人在做出决定的当下，一定觉得这个决定是对自己或者大局最有利。

也许，阿彩的前男友也在某个角落谈论着："我曾经有个前女友好能干、好可怕、控制欲好强，所以我决定分手。当时还因为太害怕她纠缠，我不得已只好放下铁门，几天都不敢看诊。"

爱情这种东西，就是一段恋情，各自表述，毫无共识。彼此说的都是真的，只是价值观跟视角不同，听起来就像两个故事。

而无论多揪心的事情，当时一切说来话长；随着时间过去，变得三言两语就能道尽一切的不容易。最后就剩下几个字：

"分了！"

"没联络了！"

成为一个压缩文件，最后连解压缩出来请别人评评理都懒得了。

我们常以为自己的善意，该被善待。但每个人要的爱情模式都很不同。

有人要甜言蜜语，有人爱霸气总裁，有人爱贴心顾家的暖男，有人见钱眼开。所以在一段恋情里面，我们可以因为爱而对对方好，但也要能接受对方不要你这种好。

你能给出他要的好，这段恋情才走得下去。

如果彼此之间对爱的语言和需求差距太大，走不下去了，就应分手以减少彼此的耗损。见好就收很棒，"见不好就收"更是大智慧。

 阿米托福

谈恋爱这事情，最后的结果只有两种：要不结婚，要不分手。所以大部分的爱情都是拿来练习失恋的。

透过失恋，练习了解自己爱的罩门与地雷。每次失恋都是下次恋情的养分，化作春泥更护花。

唯有不期待天长地久，轻松以对，才能走得长久。

谈恋爱请不要叫别人负责

"你要负责！我们交往了这么久，我的青春都给你了，你怎么可以不要我？怎么可以说走就走！"

电视剧里的女主角哭喊、嘶吼着，如厉鬼索命，要对方给个交代，泪水、鼻水齐飞；再美的脸蛋，此刻都显得苦情。逝去的青春是她曾握在手中的筹码，一日一日地加码，全押在这个男人身上，却没有拿到一张结婚证书。突然被判了死刑，她遭到天大的辜负……

这样的剧情，在每出戏剧中不断上演着，传递出来的信息就是："我是女生，我的青春很珍贵，我将青春奉献给了你，我的人生，你要负责。没有走到终点，就是你害我的人生血本无归。"

我对这样的剧情感到很不解。

连小学生都知道，初中课本教过，高中课本也有说明："岁月如梭，一寸光阴一寸金，寸金难买寸光阴，时间如河，快速奔流，没有分秒止息。"

青春的珍贵，就是在于青春是留不住的。

青春是老天给你的礼物。你活在青春里，却无法将青春当礼物转手送出。

如果没有跟对方谈恋爱，你就可以青春永驻，维持在十八岁或者二十五岁时的美好样貌，那么要对方负责还说得过去一点点。残酷的是，无论有没有和任何人交往，你的青春都会逝去。

青春如果能因为不谈恋爱就留住，保养品公司和医美诊所应该都倒光了，不是吗？既然如此，一段感情走到了结束，如果没有被骗财，到底要如何负责？

当感情走到摊牌那一刻，你还想要对方负责，根本就是闽南语说的："请鬼拿药单——找死！"

把不爱你、只想逃开你的人放在身边朝夕相处，这比义和团还勇敢。对方的冷漠会让空气凝结成透明的手，掐住你的脖子，令你痛苦窒息。拥抱不爱你的人，如拥抱仙人掌，全身都会被刺伤。

一段感情的开始需要双方确认，分手只要有一方不爱就成立。

人性是自私自利的，当年无论你是被对方俊美的外表所迷惑，或者因为金钱等物质条件选了"猪头三"，一定都是大脑经过评估后做出的最佳选择，才会喜滋滋地展开恋情。

既然这是当时的最佳选择，要怪也只能怪当时的自己，而不是含泪要别人负责。能负责你人生的人，只有你自己。

"下好离手，愿赌服输，起手无回大丈夫。"这是在赌桌上常听到庄家喊的话，凭直觉、凭经验，每个人在下注的瞬间，都是冲破犹豫的斩钉截铁。

人生路上的每一次选择，都像是在下一次又一次的赌注。

选择之后，尽力把路走好，将沿途看到的风景在心上打卡留影，成为最棒的收获，即便最后走到死路，也不枉费曾经看过的风光。

陈淑桦有首歌曲的歌词是"一段情宁愿短暂精彩，还是先去问他会不会有将来"，这两种情况，你会选择哪一种？

如果你觉得结果最重要，记得在爱情一开始的时候，就跟对方说清楚，确定彼此志同道合，是以结婚为前提而交往。

但即便两人口头协定好了，也没有人能保证你从此就过上幸福快乐的日子。

感情世界分分秒秒都在变化，结了婚，也没有所谓永远的赢家。人生这条路就像四季一样，因为有春夏秋冬的变化而风景秀丽，也因为有变化而多风雨。得到了不一定是福气，失去了也不一定是灾难。

爱情说穿了，也不过是一种交易，只不过交易的媒介是"心灵契合度"，而不是货币。

当心灵契合后，也得靠一定数额的货币，才能生活得下去；每一个环节都可能让爱起变化。

爱情一如股票，不是真心就会有结果。投资本来就有风险，你要能自负盈亏。

阿米托福

爱情没有说明书，也没有保证书。在充满了不确定性的状态下，还能双方互信，拥抱安全感，这也是爱情最迷人的地方。

有句话很棒：结婚不一定能幸福，但离婚一定是有一方想过得更幸福。

拿得起、放得下的女人最有魅力，一如职场上，有本事跳槽的员工最有喊价的能力，保持着"我虽然爱你，但我不一定要跟你天长地久"的弹性。

与其要别人替你的青春埋单，不如好好打理自己的外表与内在，让自己永远闪耀，在市场上拥有永不下市的竞争力，这才是最好的算盘、最聪明的买卖。

你要的另一半，
是『定制化』的需求

阿珠的家庭幸福美满。所谓的"幸福"，当然不是像活在真空瓶里一样没有任何烦心事，而是功过相抵后，分数还是正分。

有一天，阿珠跟我说，她老公因为理念不同，和主管闹得不开心而离职了，先在家休息一段时间。

休息多久？待业多长？天知道！

我关心地问阿珠："你老公待业，家里在经济上还过得去吗？你会不会担心？"

阿珠淡然地摇摇头说："不担心。我相信我老公一定会找到工作的，只是时间的问题。他忍耐前主管很久了，现在换工作，总比几年后发现还是忍不下去再换来得好。也许这次他可以换到真的喜欢的工作啊！"

阿珠总是很乐观，即便老公失业，也看不出她脸上有忧愁，淡定又淡然。

换工作这件事，不同年纪的心境是不同的。

二十几岁时换工作，压力比较轻。因为年轻，有大把青春可以慢慢找，一人饱，全家饱。人生在这阶段只要对自己负责，肩上的负担较轻。

中年人失业，是有点令人心惊的。一来要养家糊口，薪水会要求得比较多；二来也因为要陪伴家人，工时不能过长，最好能周休二日，甚至离家的远近、能不能照顾家人等条件也会列入考虑。

因此，中年人的待业时间往往比较长，压力也会随着待业的时间而越来越大。

日子一天一天过去，我不敢再过问阿珠的老公找到工作没有，热心的询问只是徒增她的压力。等她老公找到工作时，她自然会主动提起。

"不问"，有时候是关心最好的距离。

某日，阿珠在LINE上兴高采烈地敲我说："我先生在家洗了棉被，拿上去顶楼晒太阳，晒完收下来后，他很有成就感地跟我说：'现在棉被都有太阳的味道喽，好香喔！'你说我老公是不是很可爱？"

我当然觉得她先生很可爱，但阿珠的态度更可爱。老公待业在家，她这个做太太的还能处处去发现老公的好与付出，非常有智慧与不容易。

　　我问阿珠："你老公以前就很爱做家事吗？"

　　阿珠回说："他很爱喔！他很爱照顾人，我就是喜欢他这点才嫁他的。我年轻时谈了几次无疾而终的恋爱后，就深刻地了解到，我需要的不是一个老公，而是一个老婆。"

　　什么意思？

　　阿珠解释说："我知道我的工作能力还不错，养自己没有问题，比起找一个事业很成功的另一半，我更在乎他是不是贴心，愿不愿意分摊家事，甚至一起照顾小孩。我不希望将来小孩的童年回忆只有妈，没有爹！"

　　是啊，每个人需要怎样的另一半是非常非常个人化的，那是"定制化"的需求。

　　过日子如饮水，冷暖自知。盲目跟着社会价值去做选择，往往会选到在条件上众人称羡，却与自己格格不入的人。

　　看看阿珠，想想自己，我应该也是需要一个"照顾"型的伴侣。

　　经过多年的职场磨炼后，我已经很能达成公司或者组织的目标。但是俗话说"时间花在哪儿，成就就在哪儿"，既然所有时间都花在冲刺工作上，做家事对我来说，难度比执行大型项目还高。

曾经，"女生到男友家该不该洗碗"这个主题引发网友议论纷纷。我的立场是反对女生到男友家就帮忙洗碗，理由是在过于讨好之下，对方的家人把对女生的期待设定得过高，未来分数要往上攀升不容易，扣分的概率大增，日子就会比较辛苦。

我在脸书上写下了对此的评论："第一次到男友家就帮忙洗碗……拜托！我真的没办法做到。我平常在自己家都不洗碗了，甚至连洗手台都走不到就坐下来看电视，怎么有办法到别人家帮忙洗碗。"

下方点赞的朋友不少，有个朋友的留言则吸引了更多赞，朋友写的内容是："你真的不擅长洗碗，因为厨房洗碗的地方叫作料理台，不是洗手台。"这句吐槽很好笑，也很中肯。

我和阿珠也都曾经在寻觅伴侣时，追逐过世俗条件的期待，要找到一个强者、一个王子来解救自己，却完全没意识到在社会中的摸爬滚打和磨炼下，自己早就不再是那个只会躺着等待王子亲吻的柔弱公主。

我们已经变成花木兰，可以东市买骏马、西市买鞍鞯，替自己想办法补充装备，彪悍到可以代父从军。

这种能干的女孩现在很多。当你已经很强时，你是否还需要一个更强的男生来罩你？值得思考一下。

工作能力很强的男性往往会花很多心思在事业上，能陪伴你的时间并不多，一不小心你就成为另类的"单亲妈妈"，不仅要上班，还得一个人承担所有家务与养育子女的责任。时间久了，一定会爆炸。

挑人像买东西一样，最贵的不代表最能符合需求，最便宜的也不见得真的赚到了，有可能使用寿命很短，反而不划算。

所以静下心来想想：自己想要怎样的人生伴侣？最核心、最关键的人格特质是什么？就能去除掉许多纷扰，少走很多冤枉路。

后来，阿珠的先生顺利找到了薪水更高、工作性质也更符合他的期待的工作。

那段太太陪先生度过待业的日子，让他们夫妻俩感情变得更好了，毕竟贫病相依、不离不弃的感情是最珍贵的。

 阿米托福

社会期待女人"应该"怎样，往往不见得会让我们幸福。

有趣的是，你看看身边那些拥有很多幸福的女生，往往都不太符合社会的"应该"。

唯有把自己内心的需求说出来，才可能得到自己要的幸福。

关心是一种问，
也可以是不问

联谊场上，女生们看到帅气的阿龙就如同蜜蜂看到花——嗡嗡嗡，嗡嗡嗡，大家一起去做工——有志一同，花枝招展地在阿龙旁边转啊转。联谊当天"人气王"投票结果出炉，阿龙高票拿下冠军。

我对这个结果翻了白眼，表示不明白。我和阿龙太熟了，他除了长得高、说话幽默之外，到底有哪点迷人？（谜之音：这样就很迷人了呀！）

是啦，顶着台大的学历，有正当工作，在婚恋市场上若按条件勾选，也有个八十分，但我还是不懂这个宅男有什么天大的魅力。直到某次聚餐，我才发现阿龙真的值得女孩们去追。

那天，大伙热闹聚餐，小芳先离开后，把证件落在餐厅里。她打电话询问我们走了没，其实我和阿龙也早都走了，但阿龙二话不说，也不抱怨，就把车头一转，回餐厅去帮忙找。

眼看餐厅快到了，我急忙说："你停在对面，不要绕过去了，免得你还要多兜一圈，我下车走过去拿就好。"

我是个体贴的人，但在我说话时，阿龙已经把车钻进难开的小巷弄，边开边说："我开进巷子，你就不用走到对面去了。我这样开很顺。你人这样矮，腿这样短，别又多走路，变得更矮了。"

阿龙特地把车绕到餐厅旁，省去我必须走过马路的路程。至于嘲笑我矮——哪是嘲笑呢？他是不想我觉得不好意思，就用这种幽默的方式化解。

我突然了解到阿龙的心有多柔软。他情愿自己累，也舍不得别人辛苦。我这才懂了那些女孩为什么这么喜欢他。

抢手货阿龙终于也结了婚。婚后，夫妻俩很幸福。他总是对我说："我老婆是最棒的啦！"我听着听着又翻了白眼，阿龙真是有种白痴理工宅男的感觉。

一年两年过去了，他们一直没生孩子。

高龄生小孩这种事已经变成不是两人睡一睡、"跨过去就会有"这么简单。常常是"跨过来又跨过去""跨过去又跨过来"，还是什么都没有，令人沮丧与无助。

我们这群老友看多了人生风雨，很懂人情世故，都很识相地不问"怎么不生个孩子"。中年人的友情是这壶不开，我们就不提这壶。

有一天，我传 LINE 问阿龙："我有一篇文章想要提到你，可不可以？"

他给个笑脸图，回说："我都要当爸爸了，你还要这样搞我。人生本来就苦，自从你写作后，我就更苦了啊。"

我大笑了起来，惊喜地问："你们有了？"

他说："对啊！努力了很久。提醒你，以后找个年轻的男生结婚，不要找我这种老的，老的很容易生不出来啊。"

我默默感动着。阿龙就是阿龙，他把生孩子的事情一肩扛起，心知老婆年纪比他大，内心压力一定超大，所以他对外都把生孩子"卡关"的事怪在自己身上。多体贴的一颗心啊。

所谓体贴，是我看得到你的辛苦、知道你的难处，而我舍不得。

按照社会的期待公式是：二十几岁时忙着谈恋爱，三十几岁时忙结婚，之后忙生小孩……但人生无法像数学公式，结了婚就会得到孩子。在生小孩这件事情上，我们的关心询问，传递的不是温暖，而是压力。

好友庭鹃结婚时年纪不小了，大龄新娘在婚后的第一个挑战就是：《结婚进行曲》还没演奏完，怀孕能力的公审便正式升堂。

她吃了不少"劝生大队""催生魔人"的关心苦药。只是吃苦无法当吃补啊，几句话就让她感到人生瞬间好苦：

"你为什么还不生？"

"你赶快去生一生！"

"你知不知道，老了就不能生了？"

"你们夫妻品种这么好，不生太可惜，快点生啦！"

庭鹃微笑面对这一切，却吞不下这些闷气，找我诉苦。

"你知道吗？无论他们是关心，还是没话找话聊，那每一句话对我来说都是千刀万剐，是在逼死我。拜托你写出来，跟大家说，请不要这样对待身边没生小孩的人，太痛苦了。"

我们从小被教育关心别人要询问，但有天你会知道：有时候不问不是漠视，而是理解对方已经尽了力却无能为力。

体贴别人，需要多一点心眼。

有一次在医院门口，有位老爷爷要搭出租车时，突然跌倒在地。众人惊呼着赶过去帮忙，希望老人家先去急诊看一下。老爷爷摇摇手，撑着虚弱的身体，静默又努力地把自己的身体塞进出租车里。

旁边有位阿姨不断大声地说："你的家人呢？哎哟！你都这样老了，怎么让你一个人上医院？你家人这样不对啦！"

我边帮忙扶老爷爷上车，边示意热心的阿姨别说了。

等车门关上，送走老人家后，阿姨继续念叨说："这样不对啦！怎么放他一个老人自己来！这些家人喔！"

我再也忍不住了，呛阿姨说："老爷爷如果有家人陪，早就会陪他了。就是没人陪，他才会一个人来看医生。你一直讲一直讲，只会让老爷爷听了更伤心。"

人生中无能为力的事情太多了，无言的辛酸，多说、多问是无益的，只会平添伤心。

当生命中的困境有好消息时，当事人自然会大声宣布，我们不要拼命去追问。

哪些事情不要拼命问呢？譬如，失业了，何时找到工作？多年苦读，何时能考上公职？结婚多年，何时生子？单身多年，何时结婚？

这些事，你多问就多惹人厌。

在一旁静静等待好消息，就是最好的陪伴与祝福。

 阿米托福

"体贴"是不问你的难处，静静地等待春暖花开的好消息。

Q：我在工作上已经小有成就，对很多职场上的斗争都能找到平衡点，唯独"单身"这件事，在朋友们都纷纷结婚后，更觉得孤单。请问大米，我要如何自处与释怀？

亲爱的粉丝，我觉得"单身"这件事，是没办法释怀的。希望这个答案没有吓到大家。

因为你不想要单身，这件事就会悬而未决地卡住你。

重点不是单身，而是你不想要单身。

当你不想要一个状态，又身处在那个状态，你会想突破这个课

❹ 感情翻转　你想要的，真的适合你吗？

题，很像工作上的待办事项，你无法拿起红笔写上"完成"二字，就无法过去与放下。

所以，核心的办法有两个。

一、你先问问自己：我要不要一直单身？

如果你觉得"我要单身"，那这个问题就结案了，因为这是你的选择，而你正拥抱你的选择。

如果你不想要单身，那就进入下一题。

二、我如何脱离单身？

（单身的我有资格回答这题吗？但我还是要解答一下！）

会单身的人，条件不见得不好，毕竟满街的阿猫、阿狗都结婚了，所以没结婚的阿牛、阿虎，不是被淘汰，而是太追求真爱。这个答案再度让人傻眼，我懂。

追求真爱没有不对，但真爱是听过的人多，看过的人少。

追求"真爱"和追求"感觉"的女生会很难嫁，因为"感觉"这个词太抽象，别人很难帮你介绍对象。那些说想要嫁给有钱人、嫁入豪门的女生，都比想要嫁给"真爱"的女生容易"结案"。

如果你想要脱离单身，请先想想：你要什么样的人陪你走人生？甚至具体地列出来怎样条件的人最适合。

没有条件是最难满足的条件。请勇敢地开条件，公司招聘都会开条件，更何况是你的人生伴侣。

一定要用力开条件，例如身高一米七、月薪超过五万等等，非常具体的条件。

之后再四处请大家帮忙介绍，当你条件明确，大家就比较容易帮上忙。

这就像找工作一样，你如果跟别人说："请帮我找一份我喜欢的工作。"所有人都不知道你想要什么。但如果你说："请帮我找营销相关的工作。"大家就会比较容易帮你介绍。

我昨天和朋友吃饭，她今年四十岁，积极地找对象，锁定职业是工程师。由于台北地区的工程师比较少，她进攻工程师的产地——新竹，拼命参加新竹地区的联谊会，认识了一个小她七岁的男生。

大家都看衰这段姐弟恋，但两人交往不久便结婚了，跌破大家的眼镜。

这个故事告诉我们什么？

如果你在工作上这么能干，不如把爱情当作"择偶项目"来进行，思考策略与解决办法，这样对于事业有成的你会比较容易。甚至写出一份"求偶分析""找对象全攻略"也可以喔。

同场加映：如何缓解单身期间的孤单寂寞感？

解答是：

单身最大的问题就是时间太多，才会有奢侈的孤单和寂寞的感觉。

你去问问那些忙着包尿布的妈妈，她们只想要好好睡一觉，小孩不要吵，老公不要出包。

但你的时间就是这样多啊！怎么办呢？

在时间上，你还真是多到花不完。建议你多参加朋友聚会，一来，打发时间；二来，日子会热热闹闹；三来，听听已婚的朋友们念叨婚姻有多烦人，你会突然觉得自己单身的日子过得还不错。

如果时间还是很多，建议可以加入写作的行列，把你的单身当题材，用力书写，一不小心还可能变成作家。你看看宅女小红，就是骂前男友骂出一片天。史上最强复仇系的前女友在骂男友系列文中，拥有了金银财宝，是不是很励志？

最后，想要跟你说，有一天你会从孤单、寂寞中，找到如何独处的方法——这个方法说穿了，就是自己找事情做；或者，是习惯了这样的生活方式，但什么时候会习惯孤单这件事，因人而异。

寂寞这东西，永远都会来。

也不是结婚就不会寂寞。婚姻里面的寂寞，往往更可怕，不然邓惠文老师写的《婚内失恋》这本书怎么会卖得这样好。婚姻里面的背叛与寂寞，才真的会让人想去死。

你的痛苦对已婚的人来说，都很不痛不痒，因为他们的痛都是血流成河，还得强颜欢笑。

单身的寂寞与婚姻的寂寞相比，真的是小巫见大巫。但如果你不想要单身的寂寞，就快点想办法踏入婚姻，从小巫（屋）搬入大巫（屋），会非常空旷、凉爽到心寒喔。

总之，自己想要什么，就去突破、去追求。至于得到之后是不是如自己想象的，到时候再说。

Q：你觉得一个人拥有什么样的特质，比较值得交往？

大部分的人在谈恋爱的时候，都很愿意为对方付出，觉得爱就是为她／他做了许多事情后，只要看到对方开心的笑容，就觉得一切都值得了。

但如果付出很多，对方被宠坏后表演得寸进尺与索求无度，那么，再多的爱也会被消磨掉。我们从来不怕付出，怕的是，付出被放水流与践踏。

所以，挑交往对象，我认为最重要的是"同理心"。

一个有同理心的人，就能看到你的付出，以及知道背后的不容易，而不是把你的付出视为理所当然，一天到晚动嘴指挥你、遥控你做事，毫不心疼，把你当成可声控的"家事小精灵"。

要怎样观察一个人有没有同理心？不光是看他怎样对你，还要看他怎样对待朋友。

热恋中的一切，在激素的催化下都是不正常的。但所有的热情都会随时间消退，每天都在热恋也很累的。因此，"一日不见如隔三秋"的渴望，逐渐会变成各自刷手机、静默无言的日常。

当炙热的爱降温后，你们的相处就如同朋友。如果另一半对朋友向来有情有义，也比较不会在大祸临头时抛下你。

每个人都希望找一个可以同甘共苦的人。而"同甘共苦"这四个字，着重的往往是"共苦"，因为"同甘"太容易了，纸醉金迷、吃喝玩乐，任谁都可以。但能不能"共苦"，才可以看出择人的智慧与高下。一起共苦，需要有好人品和责任感。

许多人想找个人在人生路上帮忙遮风挡雨，却没想到这一生所有的风雨都因他／她而起。

选伴侣最重要的，还是人格特质。对方穷困没钱，尚有机会再赚，没有良心却很难补救。一如你对许多朋友很好，有些人会反馈你特别多，有些人则如同肉包子打狗般有去无回，连汪汪两句都没有。不是你有差别待遇，而是他的人品造成了这样的差异。

所以找个懂得感谢、感恩的人，将来的问题会小一点。

第二重要的是，"看他为了你做什么，而不是说了什么"。

擅长说甜言蜜语的人特别讨喜，常惹人心花怒放。

然而，对于有些人来说，嘴甜是一种策略，而不是真心。因为光靠嘴甜可以不做事，光靠嘴甜可以不送礼讨欢心，恋爱谈起来省钱，也省事——嘴甜，是这种人摆烂与不付出的障眼法。

但时间会让他们现出原形；嘴甜如糖衣，禁不起生活上的考验。

柴米油盐等开门七件事，每一样都是扎实的战场。无法一起分工的人，就是人生的拖油瓶。

俗话说，路遥知马力，日久见人心。在爱情里面说得多、做得少的人，早晚会把你气死。相反地，嘴巴最不甜，却肯事事帮你忙的人，会让人安心与放心。

选一个笨嘴的人一起走人生路，才能越相处越甜，久处而回甘。

嘴笨的人吸引力比嘴甜的人低，需要识货的人才懂得挑选。

但也因为嘴笨这个缺点，可以隔绝掉许多飞来的蝴蝶，你的爱情路，也不会突然有了十姐妹一起争风吃醋。单纯、专一是爱情存活的氧气，人多了，就会缺氧窒息。

Q：离婚的人越来越多，这一点，你怎么看？

我觉得离婚率升高是好事，因为离婚的人多了，歧视离婚的情况就会少了。

没有任何人应该因为离婚而被歧视。结婚是一个选项，离婚也是。

只能结婚，不能离婚的社会，是很可怕的，那种感觉很像《结婚进行曲》一直在演奏，已经欢乐不下去了，还得继续跳舞、旋转。

过去的时代，离婚率较低，但我不认为是因为人人婚姻都幸福美满，这有特定社会背景。

以往，女性在经济上无法自主，加上社会的道德压力，周边的人都会说"忍一忍"。这种白头到老，是一种日日夜夜的凌迟与磨心。

大部分的人，不是以离婚为前提而去结婚的。虽然我们这么期待百年好合、有始有终，但一辈子这么长，风雨这样多，加上婚姻不只是两个人的事情，结伴同行的路，每天都是考验，突然走不下去，还挺常见的啊。

不然怎么会有一堆人跳出来说婚姻要靠经营？婚姻如果那么容易便水到渠成，就不需要经营了。

离婚是一件事情、一种状态，它是中性的，没有好坏。

困住人的是"观念"，而不是事情本身。那些加诸人身上的社会压力与文化紧箍咒，才是可怕的。

我从小连续剧看太多，童话故事也看太多。过去的爱情观是初恋就该结婚，指腹为婚也很浪漫，认为一生只谈一次恋爱是最美好的，所以我无法理解为什么有人会谈很多次恋爱。

抱着这种白色纯爱浪漫的我，走入感情世界后，当然是遍体鳞伤地死得很难看。

在我谈第一场恋爱时，双方交往时的争执、个性的磨合、价值观的不一致，都让我深感错愕。

言情小说里的那种命中注定，一个眼神就确认彼此是前世姻缘，怎么放到现实会爱错人？可歌可泣的爱情，不是应该能化解任何难题吗？甚至用爱可以发电，还可以哭倒长城，这才是真爱啊！

在童话故事里，睡美人光是睡觉都可以得到真爱；灰姑娘的臭玻璃鞋，王子捡到后都不会想丢掉，还喜滋滋地寻觅。怎么在现实生活中，全都走样了？

太想要一次恋爱就结婚的我，当然在爱情里摔得灰头土脸。

伤痕累累后才惊觉，初恋就结婚的传奇、处女情结，都只是对女性的捆绑，用传统观念限缩女性的选择权，把女生压在纯洁的白色雷峰塔下，动弹不得。

可是这些早该废弃的贞节牌坊，在这个时代，却还在许多女生的思想中欣欣向荣。

我有个朋友通过别人介绍，认识了一位医生。对方坚持要娶处女，她为了让恋情顺利开花结果，做了处女膜修补重建手术。可是在婚后，"医疗级"的处女膜对两人和谐相处一点帮助也没有。三年后，双方分道扬镳。

由这个小故事看出，两人相处，个性与思想契合才是关键。过去的恋爱史仅供参考。不同的人，会擦出不同的火花，这也是爱情变化多端跟有趣的地方。

在童话世界中，王子和公主双方的爸妈戏份不多。王子和公主的婚姻，没有三姑六婆，王子和公主不用为了钱起口角，王子和公主不用煮菜、不用分担家事……

所以才能过着幸福快乐的日子。

由此可见，想要从此过着幸福快乐的日子有多不容易。

甚至以"王子配公主"的结合来看，双方是很容易吵架的：一个有"王子病"的少爷和一个有"公主病"的小姐，他们需要的是仆人，可以在他们王子病跟公主病发作时照顾他们的人。

所以王子和公主如果结了婚，离婚或者过得不开心的概率，应该是百分之九十九（默默看向英国王室）。

我们都渴望得到社会的认同，但不是每一种社会价值、文化习俗，我们都要遵守。

盲目地遵守，只会被快速变化的社会价值耍得团团转。

我们的社会太以和为贵，太追求圆满，所以我们不擅长道别、不知道如何好好分手，更不会处理离婚。但我们可以先学会良性地看待，帮助别人减压，也是在替自己减压。

如果你问我：现在还会相信初恋就该结婚吗？

我会说：人生该多谈几次恋爱，才会精彩。

在人生这条路上，我后来对恋爱的态度是多多益善，不然我就没有题材跟灵感了。多谈恋爱有助于事业发展，真是一举两得啊！

经过一些岁月的洗礼，你会沉淀出适合自己的价值，而不是大家的价值。

人生这条路，真的不用穿制服，走自己的路才会感觉舒适。

今天
最好 **5**

你现在多多努力，将来
就能多自由

无论你现在多大，都可能因为担忧未来，而觉得自己"太老了"——这种老，我称为"焦虑老"，那是对现状不满的"老"，对未来迷惘的"老"，而非体态之"老"。

想跟你说，在你未来剩下的生命中，你今天最年轻。所以，趁着"今天"做点决定，让明天的自己开心，让未来的自己收获。

你不可能做出一个决定便可以得到一切，却不失去什么。

人活着的这段日子，就像一个花瓶或者容器，想要新放进去什么，总要舍得什么、放下什么。

你要有更好的工作，就得少点玩乐，多点努力。

你要陪小孩长大，就得放下需要加班的工作。

人生就是如此，有舍才有得。舍弃一些，才能放下新的，感情、工作都是如此。

什么都不放弃，最可能一无所有。

什么都不决定，往往最可怕。

伸头是一刀，缩头也是一刀。

你所受过的苦，有天会让你笑着收获

"别人的性命，是框金又包银，阮的性命不值钱……"我跟多数人一样，落生时就不是好命，老天爷让我的八字里金木水火土都有，唯独家里缺"钱"。

我小时候住在嘉义渔村时，妈妈开杂货店。渔村的工作机会很少，当时爸爸去高雄找工作，等一切都稳妥后，我们举家搬到高雄。

四岁大的我来到热闹的都市，没有适应不良。对小孩来说，只要爸妈在，住在哪里都好。

倒是有段回忆令我印象很深刻。有一次，妈妈要带我过马路。她牵着我的手说："等到都没有车了，我们再过去。"但车子一直来、一直来，川流不息，我们等了很久很久……我和妈妈才知道这里不比乡下，马路上永远都会有车子，过马路要靠红绿灯，而红绿灯在人口稀少的小渔村里面，是不会出现的。

我的家乡不仅没有霓虹灯，连红绿灯也没有。

很多人都说我很机灵，很懂得生存之道，也很会看脸色。他们问我是怎么办到的。我的答案是："够穷"就可以。

"穷"是礼物，也是世间人情冷暖的照妖镜，让我早早看到人性势利的一面，也让我知道谋生不易。若想赚点钱，免不了得低声下气。

我们一家五口挤在租来的一间小房子里，房间就是客厅，客厅就是房间，一切生活都在这里。

家里没有衣柜。那要用什么装衣服呢？别担心，菜市场收摊后，别人丢弃的装水果纸箱是最佳选择。

换季的时候，我们把装夏装的水果纸箱排到前面，用力把装冬天衣服的纸箱往后堆。季节的轮替在箱子的推拉中完成。

我和哥哥都有自己的衣服纸箱，挺方便的。纸箱用烂了？没关系，到菜市场就可以再捡到全新纸箱。可惜当时还没有流行写开箱文，不然我虽然只有四岁，经过每天洗澡都要开纸箱拿衣服的练习，应该可以写出不错的开箱文。

年幼的我，对于物质的贫乏不会感到自卑。

一来，我妈妈个性很开朗，又很疼爱小孩，在情感上让我们很富足。

二来，住在我们这区的人都是中下阶层，邻居家境也不宽裕，常常是爸爸在工地做粗工，妈妈在家做手工。

我们的世界里没有富人，左邻右舍只有"穷""很穷""非常穷"这三个等级，所以也不觉得自己缺少了什么。

一个人要感知到家境穷，得通过比较。如果周围的人都很穷，你会以为全世界的生活方式都这样，也不以为苦。

爸爸在"中钢"的一份薪水根本无法养活一家五口。因此，全家不分年纪大小，都得想办法赚钱。

想吃饭，就要对家有贡献。

我们全家总动员，一有空就做手工。念小学的两个哥哥在假日去打扫有钱人家的房子赚点钱，扫地、泼水，好像也挺开心的。

有钱人家曾经对妈妈说："你把孩子送给我们养，我们会好好对待他们兄弟俩。"

富有人家的善心收养，被爸妈拒绝了。但由此看来，我们家在别人眼中应该是挺苦哈哈的，不然怎么会有人提出这样的要求。

我很会"看人脸色"。别人眼神、口气的转变，我都能明察秋毫——这项才能跟我爸妈打零工时很爱带着我一起去有关。

当时，我爸爸很拼。周一到周六在"中钢"上班，星期日去工地盖房子，上班前的清晨五点去清理水沟，深夜则去扫散场后的电影院。

从清晨五点到晚上十二点，都是爸妈的上班时间。他们不放心把我单独放在家里，每天清晨，我都跟着他们去清水沟。

看着爸妈把黑黑软软的淤泥挖上来，我觉得好有趣。臭味有种刚被挖开的新鲜味道，臭中带香，对小孩很有吸引力。

每到月底，我们便一户一户地去收清水沟的工钱。

收钱这件事很不容易，得看尽许多脸色。我们曾经在收钱时，站在门口等了好久好久；也曾经在收钱时，听训听了好久好久。

我不晓得妈妈是抱着怎样的心情去敲门收钱。大人的谈话内容，我不太记得，倒是记住了每个月收钱时，妈妈常常在对方把门关起来后，念叨着说："已经扫得很干净了，还要怎样？又不是没扫。一个月才收一百块，摇摆什么！"

接着妈妈会对我说："你要好好念书，以后就不用像这样看人家脸色。"

可惜念书不是我的强项，倒是"看脸色"这点，我从四岁就开始练习了。长大后总能准确判读别人的心意，因此人缘超好。班长、社长、学生会主席，能搞的名堂，我一样没少。经营人际关系才是我的强项，但这一点，考试不考，测不出我的天分。

俗话说"千金难买少年贫"。穷会让你知道，人情如纸张张薄。穷会让你感受，人性看高不看低。穷会让你察觉到差别待遇，他人冷落你、瞧不起你、亏待你，都只是因为你穷而已。

而你人生最大的靠山就是自己。出状况时，你无法回家讨救兵，你要能自己解决问题。

"懂得看人脸色"以及"能自己解决问题"，是求生的倚天剑和屠龙刀，拥有这两项利器，就已经足够走跳江湖。如果还能有一张漂亮的学历当通行证，当然更好，就算没有，日子也不会过得太差。

在职场上，就是比谁有解决公司或者老板的问题的能力。而这种能力来自生活经验，也来自对人情世故的练达。

过去我在人力银行①工作时，曾经秀出我的"街头智慧"，让许多同事都佩服。

每年的台大校园招聘，各家人力银行都很重视，但校方为了避免商业化，禁止人力银行进驻校园，我们只能在校门口做宣传。

我的主管是个学霸，拥有国外名校的学历，那一次由他统筹宣传活动。

当天阳光灿烂，学生络绎不绝，场面热闹，我的主管若有所思地喃喃着："学生的手上都有一本手册，我们要怎样拿到啊？他们只给学生，我们都拿不到啊！怎么办啊……"

---

① 台湾地区的人力资源服务机构，为求职者和招聘方提供相关服务。类似于大陆的招聘网站。——编者注

"你想要啊？真的想要吗？"我问他。

"当然想啊！像是他们今年参展的企业有哪些、未来还有哪些活动，手册上应该都会写。"他边解释，边用目光追逐着学生手上的小册子。

我对于他的一筹莫展感到不解。这件事有这么困难吗？

我穿过人群，走到前方的垃圾桶，伸手进垃圾桶，捞出了几本，拿回去送给他。

看到心心念念的手册突然出现，主管又惊又喜，忙问："你是怎么拿到的？"

我糊弄他说："是通过政府官员的斡旋、校方有力人士的相助，才拿到的。"

因为听起来太复杂，他完全不信，但当我老实说出是从垃圾桶捡的，也由于太简单，让他感到怀疑。

"真的，是在垃圾桶捡的啦！"我再次强调，并补充说明，"我们都当过学生啊。学生顺手拿到这种东西，一定丢在垃圾桶啊。去垃圾桶找，一定有。这几本给你。如果不够，我再去捡几本给你。"

这件事在公司传开后，大家对于我的急智更加另眼相看了，觉得任何事情只要派我出马，都可以搞定。

老天没让我出生在富贵之门，却给了我通往富贵的钥匙。

能解决问题的人，到哪里都受欢迎，到哪家公司都备受肯定。

"年幼家贫"除了让我看透人性外，也养出好强、求胜的傲骨。活着只能靠自己，靠自己找机会、靠自己挣钱、靠自己解决问题，也靠自己得到好日子。

人生没有永远的一帆风顺，你所受过的苦，有天都会成为你人生的养分，让你笑着收获。

 阿米托福

没有谁的人生是天天歌舞升平、美好齐聚的。生活就是好好坏坏，有些小挑战、小难关、小情绪；只要撑过去、闯过去，就会觉得喜悦。这才是真实人生。

因此当你把过度美好的一面呈现在脸书时，虽然获取了不少赞，却也给自己带来莫大的压力。别为难自己了，不要刻意营造美好了。我们都很平凡，让我们拥抱真实的自己，内心才会平静、快乐。

你可以欺人，但无法欺骗自己。真实很好，平凡很好；别过度膨胀幸福，累了自己，辛苦了自己。

幸福是容易的，但想比别人幸福很难。让自己心安理得，踏实过日子，就很好。

你的『生气』值多少钱

那是一次令人心痛的采访。

大雨狂下，台风来了，电视机里的主播忙着接热线电话，请各地民众打电话进现场告诉大家当地的风雨状况。

来自小林村的张先生打了进来，激动地说："我住在小林村，我们这边雨很大很大，很危险！快点来救我们啦！"声音很急促、很焦急。

主播例行公事地回应："好的，谢谢小林村的张先生，我们会请相关单位了解一下。接着接听的是屏东的陈先生，陈先生请说……"

天大地大的事情发生，前奏往往是寻常，没人察觉高雄的小林村正面临生死关头。台风带来的大雨让一个村落，消失了。

南台湾的灾情太严重，全台湾的电视台都把记者往南部撒。主管召我去："南部新闻中心请求支援，你明天带两个摄影下南部。公司还派了其他组记者，也是明天下去。"明快利落的调度，决定了我的行动。

道路像被捏烂的蛋糕，推挤出惊人的高低落差，许多房屋被冲刷到河道上，歪斜堆栈，山河走样。我和摄影大哥睁大了眼睛，屏息沉默着，摄影大哥先出声说："怎么这么惨！……"

对于前方未知的世界，我们有点胆怯。那会是怎样的景况？还有人活着吗？

我压着情绪说："先开到医院，我们去看一下。开快一点，要赶上中午的新闻。"再怕，也要前进。

医院里，能躺人的地方都躺人了，每个角落都是急诊。哀伤、奔跑、疼痛的哀号……没有一刻宁静。能来到这里的人都是命大的幸存者，小林村遭灭村了，很多人在土堆里，再也无法发声。

医院旁边设置了临时殡仪馆，生与死很近，却是永隔。有位阿姨坐在棚架下茫然望着远方，采访是残忍的事。"阿姨，你住在山上吗？你还好吗？"

悲到深处，禁不起询问，阿姨哭了起来，"我爸爸来不及……我们一直跑一直跑……泥石流过来了……呜呜呜呜呜……我妈妈、我的小孩都不见了……呜呜呜呜呜呜……"

不成句的言语字字揪心，家破、人亡就在一夜之间。

每天每天都在收集悲伤。采访结束，身体万分疲累，心灵也因接触太多撕裂的创痛，沉重到让我们在回程的路上都无语。回到了高雄市区，灯火通明的街道与几公里外的天人永隔，宛如两个世界。

再悲伤，日子总是要过。那天，我们到一家面店吃饭，同事点了一碗四十五元的汤面，结果送上来的却是干面。

同事气炸了，闹着脾气，对老板娘说："不是这个啦！我要的是汤面，我不要吃干面！"

气氛很僵，老板娘很尴尬，连忙赔不是说："好好好，我去换。"

我不忍心地打圆场，跟老板娘说："干面就留下来我吃，再煮一碗汤面就好。"

汤面来了，同事一直念叨这家面店的不是，"怎么连一碗面都搞错！"

同事是个很好的人，连日采访灾难新闻的疲累，激使他因小事而抓狂。我安抚着他，但是当时内心有个感触："你的生气就值四十五元。四十五元就能买走你的情绪，也太便宜了吧！"

接着怅然地想着："你刚刚还在感受人生无常，怎么转眼又困在这件小事情里呢？能活着、能吃热热的面，对灾民来说根本是奢侈。"

历事练心。心性的豁达，往往是大难不死后的礼物。看多了死亡，对"活着"就变得感恩。后来在公事上，我要发脾气前都会想想：这个"生气"，价值多少钱？

如果发现这只是一件花小钱就可以解决的事情，我会选择花钱，而不是生气，因为我不想要格局低到用铜板价就买走我的好心情。

许多高僧、大老板，面对一些无理的情况是不太动怒的。他们笑笑地带过，说声"好好好"，就飘走了。因为他们知道自己的情绪稳定很重要，还有很多事情要等着自己去处理，不能因小事情而坏了大事。自己的情绪是很贵的，因此不轻易波动。

如果你的喜怒哀乐如云霄飞车，九弯十八拐地高潮迭起，你的人生会如戏剧般艰难无比，折磨了别人，也为难了自己。

小钱能解决难题，是无比划算的交易。

有天，我陪朋友去山上赏花，回程时叫了出租车来接。

出租车在山上转来转去找了很久，都找不到我们。电话里，他没好气地向我抱怨说："你们在山上哪个地方啦？我都找不到！山上好多游客跟我拦车，我都没接，再找不到你们，我就要回去了。"

天微微下着雨，我的朋友是生病中的体弱长辈，禁不起雨淋。我很需要这辆出租车，不能让他把我们丢下，天快黑了，再找出租车会更艰难。

出租车司机看似在抱怨，纠结之处是他觉得这趟生意"亏本"。

我急中生智，冷静地跟司机说："你现在就开始跳表，我付钱，没关系。"

钱可以让司机觉得好受、不吃亏，让他愿意上山来接我们这群老弱妇孺。

为了让司机更快找到我们，我独自跑下山，到了一间有门牌的民宅前，让他可以定位。我对司机说："我在××路某某号门口等你，你的GPS可以找到这里吧？"

终于，他找到我了。我跳上车，他已经跳表一百七十元了。

他继续念叨着说："你们真的很难找！"

我必须让司机心情好些，因为还要拜托他往更深的山里去接我的朋友们，所以我对他说："你再往山上开，我等等还会加钱给你，拜托你往上开。"

顺利回程，到了我们要去的餐厅。下车后，算一算那些多跳的表，我们总共给了他三百二十元。

三百二十元买到了司机先生的开心，也让我们能快速抵达下一处景点。毕竟如果被丢下，我还得再等下一辆出租车，可能等到天黑都还没下山，不仅后面的行程毁了，快乐出游也会变成悲惨的一天。三百二十元花得很超值。

知道吗？有一些小事情，往往花点小钱就能解决，且不会让自己因此陷入危险。

例如，常听到有人生气地抱怨遇到出租车司机多跳表或者绕远路。我的想法是：就给他吧！多跳的表，很多时候也不过就是几十块。你的情绪就值这几十元吗？不要为了小钱，让自己掉入双方冲突的危险境地。

花点小钱解决掉问题，不是姑息养奸，而是知道自己的格局高、视野大，不需要困在这里。千金之子，不死于盗贼，你有美好的未来，何必自入险境。

总之，发脾气前，想想这顿脾气值多少钱。

如果发现闷住自己的事情根本不值几个钱，就别气了。毕竟几个铜板，连买一杯珍珠鲜奶茶都不够，你又何必自贬身价呢？

 阿米托福

想要人生幸福，最重要的关键点之一是"情绪稳定"。
巨婴才会尽情哭闹，成熟的人会想办法解决问题。

所谓的大人，重要的衡量标准是『你敢不敢谈钱』

住家附近早餐店的老板娘和我熟得不得了，她一看到我，就会帮我准备无糖鲜奶茶。她知道我饮食无辣不欢，无论我点什么主食，都会送来一大罐辣椒酱。我们相处得很愉快。

有天，在我结账时，她以撒娇的语调拉长了音说："大米……我跟你说一个秘密，你昨天走的时候忘了付钱，所以今天要连昨天的账跟你一起算。"

我连忙说好，边结账，边回想着昨天为什么没付钱……啊！我所有思绪都卡在要记得去超商缴账单，压根忘了付早餐钱。如果老板娘没提醒，我根本不会意识到她请了我一顿。

很多时候我们不说、不提醒，就不会被别人想起。

你记在心上的，无论是你的付出，还是被欠的债务，记得都要自己去讨回来。你自己闷出了心病，对方却浑然不知。这股闷气捆绑了你，却无济于事。

一个人离开学校后开始就业，不算真的长大。所谓的大人，我认为重要的衡量标准是"你敢不敢谈钱"。

许多不敢谈钱的人其实都是很把钱放在心上的，尤其遇到调薪开奖前，每日、每分、每秒都在朝思暮想：主管会帮我调薪吗？会吧！应该会吧！我试用期间表现得这么好，会调薪吧？

在电视台工作时，资深的我常常搭配最菜的摄影师一起出去采访，这是他们的第一份工作。

在面试时，公司都会承诺他们等三个月一到，只要表现不差就给予调薪。

转眼来到了第三个月，大部分的摄影师内心都很煎熬，常常整天不断念叨，四处向老鸟打听公司过往调薪的惯例。

这出内心戏演了一个月，就是不敢去问主管求个一翻两瞪眼的答案，情愿在第四个月去刷本子，看看薪水增加了没有。如果薪水增加了，心中的石头瞬间放下，松了一口气；接着会拿这个月的薪水减去上个月的薪水，算一下调了多少。但万一这个月请了假，就很难估算到底调了多少钱，等到第五个月才算得出来……这不是很折腾吗？

去开口问一问，不就得了？

我遇过一个厉害的男摄影师，他在第三个月将近月底时，就去询问主管是否有帮他调薪以及调整多少。我问他怎么这样勇敢，他酷酷地说："我就是出来赚钱的。主管面试时跟我讲三个月后调薪，是在讲假的吗？如果讲的是真的，那我去问一下也不会怎样。"

果然，他得到明确的答案，薪水加了。主管也更知道这个年轻人诓不得，未来相处上甚至会对他更尊重一点，不敢给他乱开支票，因为他会问兑现日期。

很多时候，最该问的事情你往往最不敢问，因为你怕被拒绝。

人类不仅近乡情怯、追爱情怯，近钱更是情怯——往往越是自己想要的，越手足无措。但胆子是练习出来的啊！跳槽老鸟也不是天生就会，而是刻意练习的。

太少谈钱，才会胆怯。你看看做生意的人或是业务员，谈起钱来脸不红气不喘，自然有机会得到。

在这个时代，要让薪水往上爬，靠的可不是等待啊！除了自己敢争取之外，还有这几个重要因素。

一、选择比努力重要

分享一个我小时候读了非常有感触的故事。

战国时代是群雄并起争名夺利的时代。李斯有天走进厕所，看到厕所里的老鼠非常瘦小，只能吃脏东西，每逢有人或狗走进来，更是慌张落跑。

而当他走进粮仓，见到粮仓中的老鼠吃着囤积如山的好米，一只比一只肥大，安逸到不害怕有人或狗接近惊扰。李斯忍不住感叹："一个人有出息还是没出息，就如同老鼠一样，是由自己所处的环境决定的。"

老鼠身形的肥瘦跟基因与新陈代谢无关，而是和身处的环境和位子有关。你进入社会后选择的产业，比你的能力更能影响你的薪水。再有才华、再能干的人，假如放在夕阳产业，能得到的薪资也有限。

在媒体业，年薪要破百万，得当上主管才有可能，而且要打败众多同侪才能拿到这样的薪资水平。在服务业，就算当上主管也很难拿到百万年薪。

但是在科技大厂，菜鸟工程师干三年，薪水就可能破百万。

能在某个领域冒头的人，能力与抗压性无疑都是出众的。然而，产业不同，薪水就会有这么大的落差。因此如果想拿高薪，请留意每年媒体上的高薪产业报道，思考自己要补上哪些能力，才能进入该产业，从厕所里面惊慌的小老鼠变成粮仓中的胖老鼠，享尽荣华富贵。

二、慎选跳槽的时间点

大部分的人因为想拿到年终奖金，都会等年后跳槽，习惯在十二月开始丢简历，谈年后上班。

但如果你对年终奖金不留恋，对主管难以忍耐，又对跳槽、加薪万分期待，我会建议你从十月就开始丢简历。

为何建议十月这个时间点呢？因为此时开出的缺往往是急缺，公司迫切需要增补人力，但此刻愿意跳槽的人很少。你的竞争者少，公司又求才若渴，薪水的谈判空间会比较大。

求职市场上青黄不接的时期，正是让你身价增值的好机会。

另外，当产业中出现新的竞争者、新企业，由于他们需要挖角才能让公司顺利运作，给薪也会较大方。

过往媒体业只要有新媒体创立，都会出现一批人才"大风吹"的情况。已经坐稳位子者，对于舒适圈比较留恋，倾向求稳；底下的人则因为尚未占到好位子，跳槽损失不大，因而比较积极进取，往往这样一跳，薪资比过去的主管还高。

有人会担心：新产业够不够稳妥呢？

关于这一点，年轻人不需要太顾忌，因为年轻是本钱。就算新公司倒了，一来有资遣费可以领，二来薪水也已经垫高，薪资定锚在漂亮的数字，有利于接下来与新公司谈薪水。

三、接下主管职务

很多年轻人不爱接主管职务，觉得加薪才没几千元，要承担的责任却变多、压力变大，人又难管，所以拒绝接主管职务。

这些考量都没错，但没思量到的部分是：你唯有在旧公司当过主管，未来才容易在新公司也寻觅到主管职务。

A 公司的主管跳槽到 B 公司当主管，跟 A 公司的职员跳槽到 B 公司当职员，两者的加薪幅度落差很大。

挖角职员的薪水是以千元为单位增加，挖角主管的薪水却是以万元起跳。

另外，每一项职务都有薪资上限。基层员工的薪资天花板很快就来到；主管的薪资天花板则比较高，当你摸到天花板时，也代表你的薪水到了一定的优渥程度。

当主管还有一种隐藏的福利，那就是：自由度增加了，上班时还有空余时间处理一些自己的事情。

我在电视台当记者时，早餐常常在采访车上吃，午餐忙到没空档吃，用一杯珍珠奶茶就打发。更惨的是，阿猫、阿狗都能叫我做事情。

等到我当了主管，开完一大早的主管会议后，我可以在早餐店坐着吃早餐，午餐虽然还是因为太忙而吃不到，但下午会有一段空闲时间可以好好吃饭。

当主管后，敢叫我做事情的阿猫、阿狗少了；公文申请单递上去，敢刁难我的人也少了。尊重和礼遇变多，只因我的头衔变大了。

当主管可以少看点脸色、多拿点薪水，甚至连讲笑话也有更多人微笑捧场。

当主管还有不可言明的好处是"自由度"，头衔越高、薪水越多，做的事情越少，因为公司要你做的不是体力活，而是当个大脑，好好做决策。

当主管确实辛苦，但以长期的职业生涯发展来看，我认为是值得的。

 阿米托福

坦白说，以台湾目前的经济形势，除非你在业务部门，否则当个上班族很难发大财。请你花个三分钟思考一下：

- 你现在身处的产业，可以让未来的你过着你想要的日子吗？

- 你的职务的薪资天花板又大概是多少呢？你满意吗？

如果不满意，不妨开始思考是不是该换个跑道，去拿到自己想要的未来。

聪明的主管懂得，下属要五毛，

你却给他一块钱

有首儿歌是这样唱的："三轮车跑得快，上面坐个老太太，要五毛给一块，你说奇怪不奇怪？"

要五毛给一块，不仅不奇怪，还可以让部门的离职率降为全公司最低——这正是我朋友刘德华会做的事情。

喔，不是天王刘德华，他是"内湖刘德华"。无论如何，能以"我朋友刘德华"这六个字当开场，好拉风。

刘德华管理的单位是总务处，从买电灯到采购计算机，统统都由他管。天王刘德华忙着帮粉丝签名时，"内湖刘德华"忙着在采购单和公文上签字。

最近他的部门缺人，开出了职缺。来应征的新人写的薪水期望值是两万八千元，刘德华直接给了三万三。新人睁大了眼睛，立刻说自己随时可以报到！

要五毛给一块，是主管的用人小心机

"有没有搞错？多给五千！"

朋友们聚会时，大家听了这个"人家只要五毛，你却给他一块"的故事，下巴掉了满地，觉得不可思议。

"你这家伙，脑袋坏了吗？"

刘德华的脑袋可没坏。他优雅地喝了一口珍珠奶茶，跟我们这些阿呆解释。我帮大家整理成以下的重点。

一、薪水高一点点，跳槽率却少很多

多给一点薪水，其实是主管的小心机策略。

他说："我如果给他两万八，和外面的行情差不多。两年后，他被我训练好、有经验了，也就跳槽了，到时候我还要再找人、重新训练。无止境的新人培训地狱超烦人就算了，新人万一出包，我也要扛，我自己该做的事情也会因此受耽误。"

真有道理，下属如果能干，主管确实可以爽爽地过。

二、薪水比一比后，向心力更强

"薪水是机密，请勿谈论"，印在薪资单上的警语根本是笑话，只要是人，就会做比较。

"我多给他五千，他会觉得自己进了好公司，而不是误上贼船。和同学们比较薪水时，会觉得自己好幸运。每谈论一次薪资，就加深一次对公司和我们部门的向心力。"

刘德华好懂人性，为他鼓鼓掌。

三、薪水多五千，是帮新人评估了四年后的薪资情况

为什么要帮新人评估他未来的薪水数字？

"第一，两万多的薪水，在台北很难活。"

刘德华喝了几口珍珠奶茶，开始吃鸡排，解说起来更加流畅。

"第二点是未来若要调薪水，我必须重新申请，批不批准，还得看公司当年的获利和大环境的景气度，我何必赌这个风险，不如就一次给到位。"

他接着说："三万三的薪水，也能预防未来四年万一公司不调薪，他拿的薪水也不会低于行情价格。他都待了四年，到时候去帮他争取调薪，被核准的概率会高很多。"

刘德华任职的是传统产业，公司员工大都是进入公司后，待到退休才离开。为什么可以这样？因为公司营运状况好的时候，常常集体调薪，超低的离职率是用加薪换来的。

加薪，要加得让人感觉良好

对比之下，接下来要说的故事就有点惨。

小月毕业后，就进了媒体业担任信息人员，领两万八的薪水。

三年过去了，薪资数字纹丝不动。公司说大环境不好，没赚钱，不调薪。

她不是个计较的人，看在公司规模大不会倒，贪图工作稳定、特休假多，也就不怎么计较。倒是主管看了不忍心，找更大的部门主管一起帮她争取调薪。

最后薪水真的调了……多少呢？

五百元。

加薪五百元！这激怒了小月，她觉得自己的付出好不值。

"过去我不计较不代表我没感觉。出动两位主管，公司才肯帮我调薪五百元，平均一天多给了我 16.666 元，这是在羞辱我吗？"

她递了辞呈，跳槽到其他公司，薪水三万五。新公司的主管还直说便宜，捡到了宝。

至于她的前东家，由于常年薪水不涨，员工只要在进公司时价格没谈高，日后也没机会涨了。低薪之下，人员的流动率奇高，主管也哀号连连，天天都在培训新人。

别以为给"香蕉"，有多受欢迎

文章开头的《三轮车》儿歌，第一段的歌词是要五毛给一块，第二段的歌词则是："小猴子吱吱叫，肚子饿了不能叫，给香蕉它不要，你说好笑不好笑？"

这段歌词可是说出了许多大老板的心声，他们常常哀叹公司找不到人，不知道原因在哪里，觉得自己都给了香蕉，为什么猴子还不来应聘呢？

原因只有一个，就是大老板们给的香蕉太少了，猴子会吃不饱。更何况老板有豪宅可以住，猴子们还要租房子呢！

阿米托福

当你什么都没有时，你可以用委屈换点资历。有天你翅膀硬了，真的无须忍耐不公平的对待，因为你已经得到了在这家公司的资历，可以到更珍惜你的地方，拿更好的待遇与更好的位子。

你的委屈，只有你记得，只有你在意。坦白说，大部分的人都没把你放在心里，也没在听你说什么。很多主管或者承办人员，都只觉得为什么你不"乖乖"就好。此时，就别浪费力气争辩了，翅膀硬了的你，值得更好的对待。只要有实力，何必太忍耐。

请记住，对别人而言，你只是待办事项。但对你而言，你是你生命里唯一且最棒的主角，请善待自己。

不是故意不乖，只是不想跟着大家的脚步走

　　在节目录像前，和坐在旁边的阿姨闲聊。六十多岁的她长得很像卡通《樱桃小丸子》里的妈妈，亲切且朴实。

　　工作人员说阿姨是网红，我打心底觉得有趣，开口询问："阿姨，你怎么会想到要开始拍视频？"

　　阿姨腼腆地笑着说："哎哟，都是我儿子教我的啦！他在当YouTuber，有几次找我入镜，说大家都很喜欢我哩，他就帮我和先生开了一个频道。"

　　旁边的人插话说："阿姨，你儿子这么红，一年收入有三百万吧！"

　　聊到敏感的收入问题，阿姨笑开怀地说："这个我不知道

啦！他每天都在想剧本、想哏，要我别吵他。"

阿姨以儿子为荣的得意全在脸上。俗话说"一人得道，鸡犬升天"，现在则是"一人当网红，全家跟进当网红"。儿子的职业选择改变了爸妈的职业，非常有趣。

这几年，行业兴衰的转变快，几年前热门的工作转眼便没落，而昔日冷门、不为人知的职业，却突然成为当红炸子鸡。举例来说，在五六年前，谁会知道脸书小编、YouTuber、电竞选手、网红等职业呢？

现在这些职业，不仅是年轻人热爱的职业，也成为各大企业争相合作的对象。但如果在十年前，你跟别人说将来想靠拍视频或者经营粉丝团维持生计，大家应该都会担忧地质疑：

"你怎么会有这种想法？"

"这样可以养活自己吗？"

"你要不要找个正经的工作做？"

由此可以看出，"工作"这个词是活的，在不同时代，将长出不同的样貌。

过去我们迈向成功的"铁律"，对这个时代来说早已生锈，不再适用，甚至对于"成功"也可能有新的诠释。

旧时代人们认为的成功，是在大企业担任高级主管，高薪、忙碌、超长工时，以彰显自己的不可或缺。

但对这个时代的年轻人来说，把生命全部贡献给组织，不再是他们想要的。

有更大比例的年轻人追求自我价值的彰显。他们要能"掌控自己的人生",而不是被决定、被挑选。他们热衷于追梦。

追梦的过程中,他们不是不害怕,而是即便会怕,还是想勇敢地放手一搏。

这样的潮流也反映在广告上。

看到一个茶饮广告的内容很有趣,里面的年轻人做的"工作"都很超乎样板,像是手工车改装达人、旅游体验家、街头表演艺术家等等,肯定年轻人做自己想做的事情,工作由自己来选择与定义,工作的理想待遇则是乐趣与意义。

这家企业的广告长期以来都以职场为主轴,从他们的广告内容也可以看出时代价值的转变。

昔日的职场生态是要上班族逆来顺受。前辈与主管把不喜欢的工作、烫手任务往下丢。老板的肯定比什么都重要,老板说赞,你便被大家点头称赞;老板一迟疑,你立刻心脏怦怦跳,想着自己是否哪里做错了。老板的情绪与表情是你的生死判官。

这种追求组织认同的职场,将一个人缩减成一个员工编号或分机号码。

这没有不对,只是有些人适合,但有些人真的无法接受。

现今很火的新兴职业则恰恰相反,越有个人特色越好,越怪越棒。独特不是异类,而是亮点与魅力。

年轻人的梦想越来越多元，也超乎想象。我问了几位大学毕业生未来想干什么——你以为他们会一脸茫然？不，他们可是坚定而乐观地述说着未来。

念运动专业的正妹说："我要当飞轮①教练。每次看到飞轮教练让大家流汗，我就觉得好有亮光！"

另一位还没毕业就在当直播主的同学，月收入破六位数，还拉辅导班上的好几个同学也跟进当直播主。

一个罹患渐冻症的毕业生对我说："未来我打算四处演讲，帮助大家了解渐冻症，减少社会对病患的歧视。"

这些梦想都让人很感动，充满了光与热，绚烂而夺目。

对于逐梦而行的人来说，他们不是故意不乖，只是不想跟着大家的脚步走。他耳朵中听到的鼓声节奏和大家不同，于是他们只好跟随内心的声音，走自己的路。心中的热情是生命内建的一个遥控器，日夜牵引魂魄，吸引他们废寝忘食、不顾一切，铆起劲来往那一条人烟稀少的路走。

他们是开山怪，要带大家看到新的桃花源。

对他们来说，循规蹈矩地打卡上班不是安全，而是浪费生命，是巨大的压力。看着时光一分一秒流逝，自己的身体却被困在不喜欢的工作里，是青春的耗损与折磨。

好工作与坏工作，在每个时代都被重新定义。我爸爸仅小

---

① 指健身单车。——编者注

学毕业，从"中钢"退休。我问他："当年你怎么有办法进入'中钢'啊？"

爸爸说："以前的时代，没有人要去啊！只要去考试就会被录取。"

可见在我爸年轻时，进"中钢"工作并不厉害。如今"中钢"被誉为高雄最火的工作，想要挤进去，难如登天。

既然我们无法料想未来的世界，不如力挺年轻人追求自己的梦想吧！那是一段试鞋的过程，有一天，年轻人会找到适合自己的鞋子，走好自己的人生路。

 阿米托福

年轻一代以梦为锚，信兴趣得永生。身为前辈的我们，最好的关心就是放手让他们试试，让不畏虎的初生之犊，带我们看到新的世界。

你有勇气顺从内心的呼唤，重新设定人生吗

如果你顶着名校研究生毕业的学历光环、外企工作的光鲜经历，当内心开始对眼前的工作感到索然无味时，你是否有勇气顺从内心的呼唤，让一切归零，重新设定你的人生？

希望牙医"赖容易"的真实故事，能给你掌握自己人生的勇气。

在念台大之前，赖容易人如其名，人生过得很容易：念名牌私立高中，成绩名列前茅，念书对他来说容易得很。

说起来，他人生的失意是从进了台大开始。

"台大是优等生吃优等生的世界，我则是在食物链的最底层。"

椰林大道的椰子树像把利刃，一刀一刀地削掉他的自信。来自全台湾的考试高手，在这里比拼大脑，打响宁静又激烈的智商战争。

"上了大学后，我发现大人都在骗人。什么考上大学，人生就有出路，你要什么都有……这都是骗人的。你要的东西根本不会从天上掉下来。"

赖容易考上台大土木系后，从天上掉下来的并非有求必应、事事如意的聚宝盆，而是"挫折"。"我们班上有些人是考试怪物，不管老师怎么考，都能考九十几分。至于我，每次考卷发下来后，我只能写好名字，再把题目抄三遍。"

"为什么要把题目抄三遍？"我摸不着头绪。

"因为看不懂题目啊！"他放大音量，委屈地诉说着当年的尴尬，"整张考卷我只会写名字，但如果只写名字，一分钟就交卷了，这样不太好吧……"

为了礼貌，也为了给自己留点颜面，他只好抄写题目混时间，等时间差不多，就交卷。昔日的考试神童尝到了垫底的滋味。

当了一辈子的优等生，念台大时却差点被"二一①"，"我以前觉得成绩不好的人，一定是不努力，我不相信有拼命念书却

① 台湾俚语，在大学一学期中，所得学分未超过预定学分总数的二分之一，将被退学。——编者注

念不好这种事，来台大后我才知道，真的有'不会'跟'不懂'这种事。"要资优的他承认自己大脑不如人很难，只好用"很混"来掩盖"很笨"。

"我每天七点半就出门，假装去上课，却是躲进师大附近的漫画店，看到五点回家。我很早就体验过中年失业不敢回家的心情，我是班上的边缘人。"

"为什么不去上课？"多简单的问题。

"去了，也听不懂。"多哀伤的答案。

痛苦了两年，大三时，他竟突然开窍了。"土壤力学"这门课让他找回成就感，他卖力暑修[①]被丢掉的学分，在老天保佑下，准时毕了业。

接着他天天苦读，考上台大土木研究所榜首。没有人相信他会是榜首，连他自己也不太相信。

毕业后，他进了日企，公司负责在台湾建高铁。

"建高铁呀！很好玩吧？你的工作内容是什么？"我莫名地兴奋起来。

"也没什么啊，公司要我画图我就画图，要我改图我就改图。"

这句回答听起来像是没有经过思索，却藏着工作的真相。职场上，本来就是主管要我们干什么，我们就去做什么。

---

① 指在暑假期间补修。——编者注

学霸出了校园，身价却没有超车太多。

假设书念不好的"鲁蛇①"月薪三万元，那他这个学霸的月薪是五万，这多出来的两万块，是给从幼儿园优秀到研究所，又乖又聪明宝宝的犒赏，似乎有点少、有点心酸。

"我的工作内容很无聊。铁轨旁有小水沟，我负责水沟盖的配筋，比如钢筋要怎么弯、放在什么位子。我每天都在处理这些事情。"

"听起来很专业啊。"我说。

他不置可否。"不过是公司里的小螺丝钉，换谁来做都可以。那时我想着：我做这种工作，有谁会记得？有谁会得到幸福吗？水沟盖又不是非得用钢筋制成，拿草席去盖也可以啊。有人会知道有一个葫仔（闽南语），用他的青春在这边画图吗？"他故意用国语的语气，搞笑似的说着无奈。

日复一日是稳定，却也是种难耐，端看你怎么想。

当难耐到极点，生命就会自己找出路，而出路的亮光往往藏在不经意的小地方，勾住你的魂魄，让你如听见魔笛的声音，不顾一切地去冒险。

赖容易生命的亮光，原来藏在医院里。

某次，他陪妈妈到医院探望朋友，一旁等病床的人，正痛苦地哀哀叫着。他看着有那么多人需要帮忙、需要治疗、需要

---

① 英语 loser 的谐音，指失败者。——编者注

幸福，突然觉得"医生"是一份很有意义的工作。

"我决定重考大学，去念医学院！但我骗我妈说是要考公职。"他嘻嘻笑着说。

辞掉稳妥的工作，重考大学，这是一个赌注。"离职后，我每天都很茫然，常常问自己这样是对的吗？"

所谓"勇敢"不是不害怕，而是就算恐惧到发抖，也想这样做。

重考的补习费很贵，要二十几万元。他没有钱去补习，只能去重庆南路买参考书，自己念。念书的地点当然要挑不花钱的图书馆，从二月拼到六月。

妈妈始终被蒙在鼓里，直到准考证寄到了家里——某日他回到家，看到有封信放在桌上，信封被拆开了。

"谁拆的？这么没有礼貌。"他心想。

"你要去考大学喔？"妈妈语气温和地问。

"嘿啊，考考看。"越严重的事情，往往需要更淡定的语气来掩盖。

妈妈没有责备，只说出："好啦，你想做什么就去做。"有一种母爱叫作"你做什么都支持"。

发榜后，赖容易考上了牙医系，是班上年纪第二大的学生。

一学期的学费将近八万，只能靠助学贷款。毕业时，他负债了一百多万，生活费则靠家教。圆梦的代价，别人往往看不到。

如今的他已是一名资深的牙科医师，我问他："当医生开心吗？是你当时想的那样吗？你过得好吗？"

人性害怕改变，却总想走捷径，期待在别人的故事中，占卜自己的未来。

"面对患者，看到患者从不舒服变成很 OK，让我很有成就感。患者给了我许多很好的反馈，而在帮助别人之余，我还得到不错的薪水，很开心。"我看见他的眼中透出了好不容易才捉住的光亮。

赖容易的人生一路走来并不容易。他决定归零再出发，重新设定人生，靠的不是每天感叹和后悔，而是以勇气与行动力去修正过去的难堪与苍白。

只要你想重来，不管几岁都可再出发。唯有"归零"，才可以开创新局面，请勇敢吃下这碗圆梦的"归零膏"。

赖容易的圆梦"归零膏"

一、分析情势，决定赛局

想当医生的方式有两种：一种是考学士后西医 [①]，一种是参

[①] 台湾地区一种教育制度，以大学毕业生为招考对象，录取后修业四年，实习一年。——编者注

加大学"指考①"。

学士后西医的名额少，报考者素质高。

相形之下，指考有一千多个名额，虽然有十一万人报名，但真正强的竞争者并不多，因此他选择参加指考。

他挑了一个有利于自己胜出的战场。

二、设定目标，对自己下狠手

"我每天都设定了读书进度，如果没有达到，中午只能去超商吃便当，限定自己在十分钟内吃完，不能浪费时间。若达到目标，我就去餐厅吃饭。"赖容易说。

每天在图书馆从早上九点念书到晚上十点，没有假日。

赖容易的重考必上心法：只许成功，不许失败。

三、不管别人的耳语，给自己一次机会

考上牙医时，爸爸和奶奶都反对他去注册，觉得土木研究所毕业的他，工作收入每月五万多很不错了，加上都毕业了这么多年，这时候才换跑道，引来家人们的质疑："这样子，过去那些年不是都浪费了吗？医生的月收入很高吗？"

他不听杂音，继续往前走，不管是谁都无法阻止。他只想给自己一次机会，而对于过去的辛苦，他心甘情愿。

---

① 指定科目考试。——编者注

"如果我没有去重考，也许这辈子就一直在处理水沟上面的钢筋。"

赖容易的心情，一如美国诗人罗伯特·弗罗斯特的《未走之路》(*The Road Not Taken*) 这首诗所描写的：

在一片树林里分出了两条小路，

我选了一条人迹稀少的行走，

结果后来的一切都截然不同。

 阿米托福

恐惧是妨碍前进的心魔。

其实，只要开始，就会抵达。

黄大米的人生相谈室（五）

欢迎来坐坐！

遇到难题了？

Q：我遇到工作上的困难。公司要我去接一份我不擅长的工作任务，一想到这里，心里就乱糟糟。我自己是不是在逃避该负的责任？明知这样是不对的，但我不晓得该如何面对。

亲爱的米粉，我懂你面对不擅长的事物的恐惧。就算是我，每次接到新的任务，内心也是猛翻白眼，晚上会找朋友念叨很久。

我想请问你：

一、除了这份工作以外，你还有其他工作可以选择吗？你真的想放弃这份工作，去新的公司吗？

二、不上手的事，可以先做做看再说吗？很多不上手的事情，久了就熟能生巧，时间会给你力量。先评估看看：如果做不好会怎么样？如果不会有太大的损失，就去玩玩看啊！真的做不来，再走也不迟，不是吗？何必早早画地为牢。

我常常说，最难的从来不是事件的本身，而是未知与恐惧。有时候真的大喊一声："五、四、三、二、一，冲！"硬着头皮去干，你会发现根本没那样难。

请好好思考情势，跟自己对话一下，也许你就会有答案和力量。

坦白说，我也好讨厌写作，但想到写作可以多赚钱，多赚钱可以网购商品，多买东西，我会很开心，就有了坚持下去的动力。

人生会在什么地方开出灿烂的花，非常难说。请你多学习、多接触不同领域的东西，会发现许多你不知道的自己的优点。

看看误打误撞成为作家且走得还不错的黄大米，她这辈子从来没想过要出书喔！

Q：何时可以去谈加薪？

随时。

缺钱的时候去谈，最有动力了，人穷就可以激发最大的求生能力。

但你不能跟老板哭穷，除非你是老板的爱人，或者老板是你爸爸，不然哭穷往往会让人厌烦。

向老板争取加薪不用看黄道吉日，只要老板当天心情好，就是皇历上的"宜开口要钱"的好日子。

如果你不懂得看脸色，一定要懂得讨好老板的亲信，随时向他们打听老板今天的心情指数，请益问与答策略。

当你翅膀硬了，也有能力跳槽时，就可以去谈谈加薪。如果老板拒绝你，至少你也知道自己不用傻傻地等加薪了。

有开口就有机会，会吵的孩子有糖吃，记得态度好一点就行。

Q：我住在屏东，在一家传统产业公司上班。我们老板很有钱，每天都拖着一个装着满满现金的皮箱上班，因为他身上没有带点钱，就感觉不舒服。老板很大方，工作待遇很不错，我每个月最少都可领到六万元，甚至八万也有过。我的年收入约一百万。年终时，老板还会额外包一份激励奖金，大约十六万，分送给同事。老板喜欢给多少就给多少，没规则。但也因为这样，公司的人事斗争很严重，大家都想红。我因而感到压力很大，曾经去找心理师咨询。工作压力大到也曾经闹离婚。我三十七岁了，要再找到相同收入的工作应该很困难，但是又不想一直在这里……大米，你可以给我一点方向吗？

在屏东要找到待遇这么好的工作很难。你们公司的斗争，来自同事们都想当最红的人，你陷入了"非第一不可"的竞赛。

我想跟你分享，当初我在电视台工作时，大家的斗争超激烈。我身处在一堆长得很漂亮的"说谎女鬼"中，人缘却超好。你知道为什么吗？因为她们都想要当主播，而我不要，我弃守！

为什么弃守呢？因为我的外表只是中上，加上英文又差，想把这两大劣势补到和天生丽质的她们一样，太难了啊！

于是，我改走好好跑新闻的路。我走了稳扎稳打的路线，与她们毫无竞争关系，因此，大家都挺喜欢我的。

看到这里，不知道你是否懂了？

什么样的人最讨喜？就是不具威胁性的人。

在电视台"盘丝洞"中，我和蜘蛛精们都挺要好的，后来薪水也没领得比她们少，而她们忧心自己年老色衰的烦恼，我也不太懂，毕竟我靠的是内涵与实力（挺胸）。

所以，你只要不想当公司最红的，只当个第二名的"普通咖"，且乐于帮助别人，同事就会感觉到你的善意，你就不太会卷入斗争。以你们公司的情况，第二名就算分红少一点，待遇应该也比外面的公司好。

这就是"不争之争"，第一名死得快，第二名活得久。职场之路是长跑，急着冲太快，只会惹来祸端。

　　写了这么多，其实就是：人人都会有盲点，退一步，海阔天空。

　　阿米托福，上大下米法师告退。

再难的问题，时间都会解决

大米跋 /

那些不容易……

距离我上一本书，已经两年多了。第一本书畅销后，我天真又欣喜地想要乘胜追击，却被生活的巨变，碾压到无能为力。这些变化好好坏坏都有，但好好写稿突然变得很难，造成出版日期不断地延后。

这段日子，我最深的感触是"祸福相倚"。第一篇网络文章受欢迎后，我迎来网友的攻击。第一本书销售开红盘后，我得到主管酸言、好友断交："你书卖这样好，你现在不一样了，不上班也有钱了。""我不管，你要想办法把我的书卖得跟你的一样好。""我找不到出版社愿意帮我出书，你居然还可以挑。""你必须在'大米'和公司的职位中，做出选择。你造成我管理上的困难。""不要怪我，要怪就怪你太红了。"

我选择抛下公司职位，选了"黄大米"。

工作再找就好，"黄大米"是我的小孩，我会如同每个有责任感的妈妈一样，不会丢下刚满一岁、稍会站立的孩子。"黄大米"的生与死在我一念之间，我要她好好长大，好好活下去。

这些风风雨雨，让我心灵无法宁静。我意识到我的读者或许也正面临职场上被打压、被逼退、被好友背叛的种种险境，我身为一个写作的人，我最重要的责任不是炫耀自己多高大上，日子过多爽，而是让同样也受过苦的灵魂，可以透过我的文字得到抚慰。

那段日子，我日日夜夜在粉丝群里写下我的痛苦，让粉丝们更懂得职场的运行道理。在波涛汹涌的情绪下，我写下我的不容易，让更多曾经受苦或者正在受苦的粉丝得到力量，知道自己不孤单，明白一切难关都会过去，不用自己吓自己，不要被恐惧吞噬。

活着就能翻盘，活着就能否极泰来。

我们都知道不论多强大的台风，都会有远离的一天。生命无法四季如春，但总能盼到阳光灿烂时。我现在很好。因为有你们的支持，不够完美的我，更有勇气用最真实的样貌活着。

未来，我的人生依旧会喜悲交织，我会继续在粉丝群里写下我的悲伤与快乐，用真诚的文字与你们共度每一天。

也希望当你阅读完这本书，或者日后再次翻阅这本书时，能给你新的启发，让你的人生看到亮光。